Die Assistenz im Management

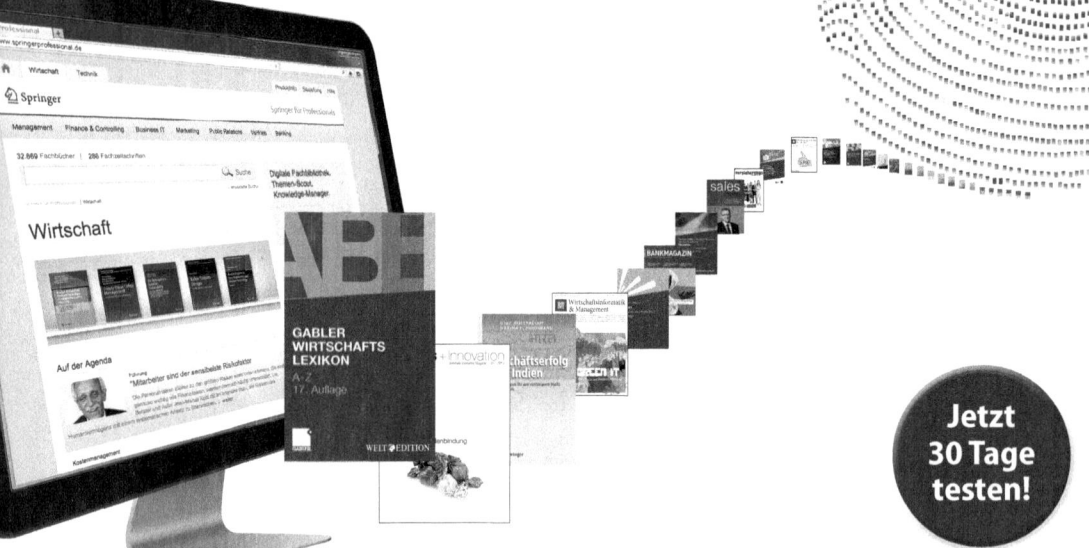

Margit Gätjens
(Hrsg.)

Die Assistenz im Management

Leitfaden für den professionellen Management Support

2. Auflage

 Springer Gabler

Herausgeber
Margit Gätjens
Bonn, Deutschland

ISBN 978-3-658-06297-2   ISBN 978-3-658-06298-9 (eBook)
DOI 10.1007/978-3-658-06298-9

Die Deutsche Nationalbibliothek verzeichnet diese Publikation in der Deutschen Nationalbibliografie; detaillierte bibliografische Daten sind im Internet über http://dnb.d-nb.de abrufbar.

Springer Gabler
© Springer Fachmedien Wiesbaden 2012, 2014

Lektorat: Sabine Bernatz

Gedruckt auf säurefreiem und chlorfrei gebleichtem Papier

Springer Gabler ist eine Marke von Springer DE. Springer DE ist Teil der Fachverlagsgruppe Springer Science+Business Media
www.springer-gabler.de

Vorwort

Um Top-Manager heute und zukünftig wirksam entlasten und unterstützen zu können, braucht es mehr als ein funktionierendes Office-Management. Dies wird eher als selbstverständlich vorausgesetzt und ohnehin immer mehr automatisiert.

Als zukunftstaugliche Assistentin kommt es für Sie vor allem darauf an, sich im Know-how und Werkzeugkoffer modernen Managements gut zurecht zu finden und Strategien und Methoden nicht nur vom Namen her zu kennen, sondern sie auch in Ihrem eigenen Verantwortungsbereich sinnvoll und gekonnt einzusetzen.

In diesem handlichen Kompendium haben acht Experten übersichtlich zusammengestellt, was Ihnen hilft, Entscheidungen fundiert vorzubereiten, Projekte wirksam zu unterstützen oder auch selbst zu leiten und Ihre Vorgesetzten auch bei ihren Führungsaufgaben gezielt zu entlasten. Komprimiertes Wissen über rechtliche Zusammenhänge bewahrt Sie – und vielleicht auch Ihre Chefin oder Ihren Chef – genauso vor Fehlern und Fettnäpfchen wie Erkenntnisse über den souveränen Umgang mit anderen Kulturen.

Zielwirksame Gesprächsführung, Mitreden können bei Management-Strategien sowie Wissen, wie Sie Ihr eigenes lebenslanges Lernen effizient organisieren – in diesem Leitfaden finden Sie hierzu wesentliche Anregungen und Kerninformationen.

Beim Lesen wünsche ich Ihnen neue Erkenntnisse und viel Erfolg bei deren Umsetzung.

Margit Gätjens

Inhaltsverzeichnis

Vorwort 5

Teil I
Kommunikation und Chefentlastung

Entscheidungsvorbereitung für den Chef..11
Susanne Westphal

Gesprächsführung 27
Birgit Preuß-Scheuerle

Interkulturelle Kompetenz..41
Lilli Wilken

Teil II
Management-Support

Projektmanagement..55
Margit Gätjens

Führungswissen im Sekretariat 77
Matthias Herzberg

Rechtswissen im Sekretariat..97
Dr. Stephanie Kaufmann-Jirsa

Managementwissen im Sekretariat...129
Petra Lumblatt

Konkurrenzfähig durch lebenslanges Lernen 143
Sonja Althoff

Die Herausgeberinn 151

Die Autorinnen und Autoren... 153

Stichwortverzeichnis... 157

Teil I

Kommunikation und Chefentlastung

Entscheidungsvorbereitung für den Chef

Susanne Westphal

Die Assistenz als Motor für kluge und schnelle Entscheidungen

Welche Agentur soll sich um unsere Imagebroschüre kümmern? An welchem Ort führen wir das Strategie-Meeting durch? Sollen wir den neuen Fotokopierer kaufen, leasen oder mieten? Manager haben täglich wichtige Entscheidungen zu treffen. Wohl dem, der hilfreiche Unterstützung durch eine professionelle Assistenz genießt, damit schnell die richtigen Entscheidungen getroffen werden können.

Zur optimalen Entscheidungsvorbereitung zählen alle Arbeitsschritte, die es einem Manager erleichtern, wichtige Informationen zu überblicken, um dann die richtige Entscheidung treffen zu können. Idealerweise erhält er einen Überblick über sämtliche Alternativen mit einer Gegenüberstellung aller Vor- und Nachteile. Ist diese Aufstellung inhaltlich verlässlich und vollständig, muss im besten Fall nur noch eine Unterschrift darunter gesetzt werden und der Projektverlauf kann zügig fortschreiten.

Ganz wichtig: Es geht nicht darum, ihm oder ihr die Entscheidung abzunehmen, sondern ausschließlich darum, sie optimal vorzubereiten. Abgesehen davon, dass es manche starke Führungspersönlichkeiten nicht schätzen, wenn sie das Gefühl haben, manipuliert oder gar entmündigt zu werden, tragen sie letztlich die Verantwortung für jede getroffene Entscheidung. Für das Tragen dieser Last werden sie auch bezahlt.

In dem folgenden Kapitel bekommen Sie

- eine Übersicht und Erläuterungen, welche Elemente zur Entscheidungsvorbereitung gehören,
- eine Auflistung der wesentlichen Arbeitsschritte, die bis zur Entscheidungsvorlage für das Management nötig sind und
- einen Überblick über die sieben größten Fehler beim Vorbereiten einer Entscheidung.

Um eine Entscheidung hilfreich vorzubereiten, gilt es, die folgenden sechs wesentlichen Punkte zu beachten:

- *Kriterien für die Entscheidung:* Welche Faktoren spielen eine Rolle (Preis, Schnelligkeit, Auswirkungen auf das Image, Motivation der Mitarbeiter ...)?

- *Priorisierung der Kriterien:* Wie wichtig sind die einzelnen Entscheidungskriterien im Vergleich?

- *Termine:* Bis wann muss eine Entscheidung getroffen werden? Ist die Einhaltung fester Termine zu beachten? Gibt es Termine, die den Projektverlauf beeinflussen (Urlaubszeiten, wichtige Messen ...)?

- *Aufwand/Kosten:* Welche direkten Kosten (Preis durch Einkauf von Waren oder Leistungen) oder indirekten Kosten und Aufwendungen (Arbeitszeit von Mitarbeitern, Verzögerung anderer Projekte) sind mit einer bestimmten Entscheidung verbunden?

- *Nutzen/Gewinn:* Was „bringt" eine Entscheidung? Werden durch sie bestimmte Kosten langfristig eingespart? Was sind die Hauptnutzen?

- *Direkt und indirekt betroffene Personen und Projekte:* Wer wirkt mit, wenn eine bestimmte Entscheidung realisiert wird? Wessen Mitarbeit wird benötigt? Wer muss Bescheid wissen?

Kriterien für die Entscheidung

Um eine Entscheidungsfindung optimal vorbereiten zu können, ist es wichtig, zunächst zu verstehen, welche Kriterien für eine richtige Entscheidung eine Rolle spielen.

Ein Beispiel: Eine Maschinenbaufirma aus Augsburg und ein T-Shirt-Hersteller aus Stuttgart suchen beide eine Werbeagentur, die eine Firmenbroschüre erstellen soll. Die Augsburger Firma legt Wert darauf, dass sich die Agentur mit ihrem Geschäft auskennt und viele Jahre Erfahrung mitbringt. Der Marketing-Chef geht davon aus, dass ein Insider die Produkte und den Markt besser versteht und dadurch eine bessere Leistung erzielen kann als jemand, der sich erst neu einarbeiten muss. Es ist ihm ebenfalls wichtig, dass die Agentur ihren Firmensitz vor Ort hat, weil meist einige Besprechungen nötig sind, bis das passende Ergebnis vorliegt. Die Stuttgarter Textilproduzenten hingegen möchten „frischen Wind" in ihre Werbung bringen und bevorzugen eine Agentur, die Erfahrungen in anderen Branchen gesammelt hat. Räumliche Nähe ist ihnen nicht wichtig, weil sie es gewöhnt sind, Entwürfe per E-Mail freizugeben.

Dieses Beispiel zeigt, wie zwei ähnlich klingende Aufgabenstellungen durch völlig unterschiedliche Herangehensweisen gelöst werden können. Die Kriterien für die Entscheidungsfindung sind unterschiedlich und werden auch unterschiedlich bewertet.

Kriterien	Maschinenbaufirma	T-Shirt-Produzent
Räumliche Nähe	9	2
Branchenkenntnis	10	1
Mindestens 5 Jahre am Markt	8	5

Bewertung: 1= geringe Bedeutung bis 10 = extrem wichtig

Im ersten Schritt ist es also nötig, die für eine Entscheidung relevanten Kriterien in Erfahrung zu bringen und aufzulisten. Diese Kriterienliste kann von einer Sekretärin oder Assistentin vorbereitet werden, sollte jedoch unbedingt mit dem Chef abgestimmt und eventuell korrigiert oder ergänzt werden. Leider gibt es in der Praxis bereits an dieser Stelle sehr häufig Missverständnisse zwischen Führungskraft und Assistenz. Alle weiteren Ausarbeitungen für eine Entscheidungsvorbereitung sind dann für den Manager unbrauchbar.

Priorisierung der Kriterien

Alles soll immer schnell gehen, nichts kosten und einen möglichst hohen Nutzen erzielen. Wer will das nicht? Doch was ist im Zweifel wichtiger? Die Ziele „innovativ sein" und „beste Qualität liefern" sind möglicherweise nicht gleichzeitig erreichbar. Es kann Situationen geben, in denen einem dieser beiden Ziele Priorität eingeräumt werden muss:

Wenn ein Software-Unternehmen ein neues Programm auf den Markt bringen will, sind viele schwerwiegende Entscheidungen zu treffen. Die wichtigste dürfte die Frage nach dem richtigen Moment für den Marktstart sein: soll das neue Produkt weitere Testschleifen durchlaufen? Sollten mehr Probanden während einer längeren Testphase die Funktionalität prüfen und ihre Erfahrungen in die Weiterentwicklung einbringen? Oder kann es sein, dass eine längere Testphase bedeutet, dass der Wettbewerber schneller mit einer ähnlichen Software auf den Markt kommt?

Ist Qualität das oberste Gebot, gibt es für die Entscheidung des richtigen Marktstarts keinen Zweifel. In aller Ruhe und Gründlichkeit wird weiter getestet, bis auch die letzte, mögliche Schwachstelle geprüft wurde. Wenn das Unternehmen jedoch die strategische Entscheidung getroffen hat, Innovationskraft und Schnelligkeit zu den höchsten Prinzipien zu erklären, wird die Entscheidung anders aussehen. Was sind schon ein paar kleine Fehler im Vergleich zu dem Triumph, eine völlig neue Leistung fünf Monate früher als die Konkurrenz anbieten zu können?!

Entscheidungskriterien brauchen Gewichtungen. Nur so ist es möglich, Entscheidungen zu objektivieren und für andere nachvollziehbar zu machen.

Ein Makler, der für eine Parfümeriekette ein neues Ladenlokal sucht, benötigt klar beschriebene Kriterien und deren Gewichtung, um erfolgreich sein zu können. Kein Laden wird alle Kriterien, die der Auftraggeber vorgibt, gleichermaßen erfüllen, denn sie umschreiben die Idealbedingungen: 1A-Lage, kein Wettbewerber im Umkreis von 500 Metern, Mietpreis unter 80 Euro pro Quadratmeter, modernes Gebäude, helle, hohe Räume, ausreichend Parkplätze vor der Tür, gut mit öffentlichen Verkehrsmitteln erreichbar, Mietvertrag ohne Mindestlaufzeit.

Entscheidend ist, zu wissen, welche Punkte die größte Bedeutung haben. Worauf lässt sich am ehesten verzichten? Gibt es keine klaren Vorgaben, erschwert dies die Arbeit des Maklers enorm: Wesentlich mehr Objekte kommen in Frage und müssen besichtigt und beschrieben werden. Mit jedem Vermieter muss eigens verhandelt werden.

Praxistipp:

Eine objektive Möglichkeit, verschiedene Alternativen in ihrer Bedeutung zu bewerten ist das Vergeben von Punkten:
Ein Punkt bedeutet: „unwichtig", die Vergabe von zehn Punkten heißt „extrem wichtig". Mit einer solchen Punkteskala können auch mehrere Personen, die sich mit demselben Projekt befassen, gleichermaßen verstehen, wie der Entscheider selbst die einzelnen Kriterien gewichtet.

Termine beachten

Der Terminkalender ist eines der wichtigsten Werkzeuge in der Entscheidungsvorbereitung. Wer ist wann verfügbar? Stehen parallel wichtige Ereignisse an? All dies gilt es zu recherchieren und zu prüfen. Auch ist manchmal nicht klar, wie kritisch die Überschreitung mancher Termine für die gesamte Entscheidungsvorbereitung sein kann.

Ein Beispiel: Ein Pharma-Unternehmen plant eine zweitägige Fortbildungsveranstaltung für Ärzte mit einem Trainer in einem Seminarhotel. Für diese Veranstaltungen sind verschiedene Vorbereitungen nötig. Eine winzige Terminverschiebung kann die Durchführung der gesamten Schulung in Frage stellen. Die Einhaltung der Termine hat also bei der Entscheidungsvorbereitung zur Durchführung der Veranstaltung eine hohe Priorität. Der Schulungstermin ist für den 18. und 19. September vorgesehen – Tagungsraum und Zimmer sind reserviert, der Trainer ist gebucht. Die Veranstaltung rechnet sich für das Pharmaunternehmen nur, wenn sich mindestens 30 Ärzte zur Tagung anmelden. Die Einladungskarten wurden von einer Agentur entworfen und sollen durch den Marketingchef bis zum 10. Juli freigegeben werden. Er zögert – die Entwürfe gefallen ihm noch nicht. Er korrigiert die Karten erst zum 14. Juli, die Agentur bessert nach und will sie an die Druckerei weiter geben. Doch leider ist dort nun Betriebsurlaub. Man hatte nichts mehr gehört und war davon ausgegangen, dass der Auftrag nicht zustande käme. Wartet man bis nach den Betriebsferien, können die Karten frühestens zum 5. August fertig gestellt werden.

Also gibt es nun während des Projekts eine neuartige Entscheidungssituation:

■ *Variante 1:*
   Es wird bis zum 5. August gedruckt und die Einladungen im Anschluss verschickt. Da bis dahin auch viele Ärzte im Urlaub sind, ist es fraglich, ob die 30 Anmeldungen bis zum 18.

August zusammen kommen. Falls nicht, war der gesamte Aufwand der Veranstaltungsvorbereitungen umsonst.

Variante 2:

Das Unternehmen wartet bis nach den Betriebsferien, beschließt jedoch, den Seminartermin um etwa vier Wochen zu verschieben. Doch nun rutscht der Termin in die Weiterbildungs-Hochsaison: Das Hotel hat erst wieder freie Kapazitäten ab November, der Trainer ist auch über den gesamten Herbst ausgebucht. Ein neues Hotel oder ein anderer Trainer sind natürlich zu finden, allerdings unter erheblichem Aufwand.

Variante 3:

Es wird eine andere Druckerei gesucht und mit dem Druck beauftragt. Leider gibt es für die speziellen Karten des Unternehmens eine (teure) Stanzform, die jedoch in der Hausdruckerei verwahrt wird. Es muss nun entweder eine neue (teure) Stanzform hergestellt werden oder eine weniger schöne Standardkarte gedruckt werden.

Das Beispiel zeigt, wie wichtig es ist, dem Marketingleiter bereits in der Entscheidungsvorbereitung die hohe Priorität der Termintreue deutlich zu machen, warum der Termin für die Freigabe so früh gesetzt wurde und welche Auswirkungen eine Terminüberschreitung hätte.

Es liegt in der Natur des Menschen, Notwendigkeiten eher zu akzeptieren, wenn ihre Dringlichkeit auf verständliche und freundliche Weise erklärt wurde. Ergänzende Verkehrsschilder mit dem Hinweis auf spielende Kinder sind daher wirkungsvoller als das bloße Aufstellen von Zone-30-Geschwindigkeitsbegrenzungen. Jede Fristsetzung oder jeder Terminhinweis in der Entscheidungsvorbereitung braucht daher auch eine kurze Erklärung, um in seiner Bedeutung erkannt zu werden:

Checkliste Terminüberprüfung:

▶ Welche Personen sind in die Entscheidung eingebunden?
▶ Sind diese während des Entscheidungsprozess erreichbar?
▶ Ist jemand im Urlaub?
▶ Stehen wichtige Meetings/Jour fixe-Termine an, bei denen die wichtigsten Ansprechpartner zusammen treffen?
▶ Bis zu welchem Termin muss die Entscheidung spätestens getroffen sein?
▶ Welche wichtigen Termine sind im Rahmen des Projekts, auf das sich die Entscheidung bezieht, bekannt?
▶ Welche der Termine sind intern festgelegt, welche von außen bestimmt?
▶ Sind wichtige Termine als solche gekennzeichnet und wurden diese auch hinreichend erklärt? (Wie werden die Entscheidungskriterien bei Terminüberschreitung beeinflusst?)

Aufwand und Kosten

Die Höhe der Kosten ist bei vielen Entscheidungen das Hauptkriterium. Daher ist es wichtig, diese vollständig und so exakt wie möglich zu berechnen.

Ein Beispiel: Für eine Konferenz wird ein passendes Tagungshotel gesucht. Drei Alternativen stehen zur Auswahl. Alle drei Hotels haben ein Angebot abgegeben – jetzt muss nur noch das passende ausgewählt werden. Im ersten Schritt werden die drei Angebote geprüft: Sind die angegebenen Preise auch wirklich miteinander vergleichbar? Sind die Leistungen tatsächlich identisch? Gelten die Zimmerpreise inklusive Frühstück? Welche Technik wird im Tagungs-raum kostenlos bereitgestellt, welche muss gegen Gebühr zusätzlich gebucht werden? In manchen Häusern ist es mittlerweile möglich, mit dem eigenen Laptop eine kostenlose Inter-netverbindung zu nutzen. Oft werden die Softgetränke in der Minibar nicht extra berechnet oder die Garage steht für Hotelgäste gratis zur Verfügung. Werden für all diese Dienste noch einmal separat hohe Gebühren in Rechnung gestellt, können diese Nebenleistungen noch einmal 50 Prozent des Übernachtungspreises ausmachen.

Nun stehen drei – vergleichbare – Preise für die verschiedenen Häuser gegenüber. Und doch spiegeln sie die Kosten nicht vollständig wider. Bei Raum- oder Hotelbuchungen wird oft-mals die Lage und Erreichbarkeit nicht in der Kostenaufstellung berücksichtigt. Ein Haus, das direkt neben dem Hauptbahnhof liegt, ist unter dem Aspekt des Aufwands als wesentlich attraktiver einzustufen als ein Hotel am Stadtrand, weit entfernt von der nächsten U- oder S-Bahn-Haltestelle.

Um derartige Nebenkosten, wie den Aufwand der Anreise, richtig einschätzen zu können, sind besondere Kenntnisse nötig. Es ist wichtig, Erfahrung mit der Art der Bestellung zu haben, Ortskenntnis ist hilfreich. Wer zum ersten Mal ein Kongresshotel bucht und selbst nie auf einer solchen Veranstaltung war, wird gar nicht auf die Idee kommen, bestimmte Details abzufragen.

Auch bei scheinbar einfachen Warenbestellungen können die Nebenkosten die gesamte Kal-kulation durcheinander wirbeln.

Beispiel: Die Marketingabteilung eines Computerherstellers lässt Weihnachtskarten drucken. Es wird dieselbe Menge in Auftrag gegeben wie im Vorjahr und trotz des pfiffigen Designs und des außergewöhnlichen Formats liegen die Druckkosten nicht höher. Üblicherweise bestellen die einzelnen Fachabteilungen nun ihrem Bedarf entsprechend eine gewisse Menge an Karten, die ihrer Kostenstelle zugeordnet wurde. Doch in diesem Jahr bleibt das Marke-ting auf dem Löwenanteil der Karten sitzen: manche Abteilungen bestellten in diesem Jahr keine, andere wesentlich weniger als im Vorjahr. Erst dann fällt auf: Wegen des besonderen Formats muss beim Versenden ein deutlich höheres Porto bezahlt werden.

Siehe „Typische Beispiele für versteckte Nebenkosten" am Ende des Beitrags.

Nutzen und Gewinn

Die Kostenseite exakt zu berechnen ist in manchen Fällen mühsam, aber immer möglich. Wenn es jedoch darum geht, den Nutzen einer Entscheidung in Zahlen auszudrücken, ist das schwieriger. Wie lässt sich etwa die Mitarbeitermotivation messen? Sorgt das Ausrichten eines Sommerfests tatsächlich dafür, dass die Belegschaft bessere Laune bekommt und dadurch effizienter arbeitet? Einen messbaren finanziellen Gewinn hat das Unternehmen nur, wenn

- Kosten eingespart werden,

- Arbeitszeit reduziert wird oder

- Mehreinnahmen generiert werden.

Darüber hinaus können natürlich noch qualitative, also nicht quantitativ messbare, Nutzen entstehen. Um diese benennen zu können, ist es zunächst wichtig, die Ziele des Unternehmens zu kennen. Jeder Nutzen, der zur Erfüllung dieser Ziele beiträgt, kann auch als echter Gewinn verstanden werden.

Ein Beispiel: Ein Verlag möchte auf eine neue Buchreihe aufmerksam machen und plant in diesem Zusammenhang eine PR-Veranstaltung. Es stehen verschiedene Veranstaltungskonzepte zur Auswahl. Nun soll verglichen werden, welche Art von Veranstaltung „am meisten bringt".

Typische Unternehmensziele	Was zur Erfüllung beiträgt	Das kann gemessen werden
Die neue Buchreihe soll bekannter werden.	Viele Besucher auf der Veranstaltung; Presseveröffentlichungen über die Veranstaltung oder über die Buchreihe; Buchbesprechungen in der Presse	Anzahl der Besucher einer Veranstaltung; Anzahl der Journalisten, die die Veranstaltung besuchen/die Material anfordern/die berichten
Das Image des Verlags soll verbessert werden.	positive Presseveröffentlichungen	Anzahl der positiven PR-Artikel in Relation zu kritischen Beiträgen
Neue Mitarbeiter sollen akquiriert werden.	Bekanntheit des Unternehmens bei potenziellen Mitarbeitern; zufriedene Mitarbeiter	Anzahl der Mitarbeiter die sagen „Ich würde meinen Arbeitgeber weiter empfehlen"; Anzahl der Initiativbewerbungen
Neue Vertriebskanäle sollen aufgebaut werden (Bücher in Hotels/Tankstellen/Coffee-shops verkauft werden).	Bekanntheit des Verlags bei Händlern	Anzahl der Presseveröffentlichungen im Wirtschaftsteil

Ein Veranstaltungskonzept, das auch für Journalisten attraktiv aufbereitet ist, wirkt in diesem Zusammenhang natürlich wesentlich stärker als ein Rahmen der „nur" Kunden anspricht. Auch kann es stark imagefördernd sein, wenn viele Mitarbeiter an einer solchen Veranstaltung mitwirken. Sie sind die besten Botschafter für den Verlag und können sicherlich mehr Begeisterung vermitteln als Hostessen, die sich freundlich um Gäste kümmern aber inhaltlich wenig Beitrag leisten.

Betroffene Personen und Projekte

Wer wirkt mit, wenn eine bestimmte Entscheidung realisiert wird? Wessen Mitarbeit wird für die Umsetzung benötigt? Nur, wenn es eine vollständige Übersicht der beteiligten Personen gibt, kann auch der Zeitaufwand einer Umsetzung realistisch berechnet werden. Es ist wichtig, alle Betroffenen zeitnah und regelmäßig zu informieren. Doch ähnlich wie bei den versteckten Kosten von Projekten, gibt es auch indirekt betroffene Personen, die einbezogen werden müssen.

Beispiel: Ein Pharmakonzern strukturiert seine Abteilungen neu. Die Mitarbeiter im Haus haben das Bedürfnis, genaueres über die neue Organisationsstruktur zu erfahren. Da das Unternehmen an drei verschiedenen Standorten tätig ist, können nicht alle Fragen im direkten Austausch beantwortet werden. Die Leiterin der internen Kommunikation beschließt, im Intranet ein Live-Forum einzurichten. Hier sollen Führungskräfte ihren neuen und alten Teams Rede und Antwort stehen.

Im ersten Schritt geht es darum, die Führungskräfte in dieses Vorhaben mit einzubeziehen. Sie müssen sich Zeit für den bevorstehenden Arbeitsaufwand einplanen und sich auch inhaltlich vorbereiten. Darüber hinaus sind jedoch noch weitere Personen betroffen:

- *Juristen:* Die Rechtsabteilung sollte unbedingt involviert sein, wenn solche heiklen Themen diskutiert werden. Jede kleine Bemerkung, die in ein solches Chat-Forum mal eben eingetippt wird, kann rechtliche Folgen haben. Deshalb ist es in der Praxis durchaus üblich, gleich mehrere juristische Berater im Raum zu haben, wenn ein Geschäftsführer in einem internen oder externen Forum chattet.

- *IT-Abteilung:* Wie schnell kann ein solcher Chat programmiert und bereitgestellt werden? Ist gewährleistet, dass sich auch sehr viele Mitarbeiter gleichzeitig an einem solchen Chat beteiligen können, ohne dass es zu Kapazitätsproblemen kommt?

- *Produktion/Kundenservice:* Ist es überhaupt möglich, allen Mitarbeitern gleichzeitig die Gelegenheit einzuräumen, sich bei einem Chat zu beteiligen? Wie kann gewährleistet werden, dass die Maschinen in dieser Zeit nicht stillstehen oder die Service-Hotline des Unternehmens weiterhin erreichbar bleibt?

Wie bei einem Schachspiel reicht es nicht, lediglich den nächsten Spielzug zu betrachten. Welche weit reichenden Folgen hat eine Entscheidung? Welche Menschen sind im zweiten oder dritten Schritt betroffen? Wer muss die Entscheidung mit tragen, damit sie erfolgreich umgesetzt werden kann?

Werden wichtige Personen vergessen, kann das teuer werden, was nachfolgendes Beispiel belegt: Ein Unternehmen aus der Automobilbranche beschließt, Mitarbeiterfernsehen einzuführen, um auch die Kollegen in den Werkhallen mit Unternehmensinformationen erreichen zu können. Zu diesem Zweck werden an verschiedenen Stellen auf dem Werksgelände Fernsehgeräte aufgestellt, die für alle Mitarbeiter zugänglich sind. In Endlosschleife werden regelmäßig aktualisierte Fernsehbeiträge gezeigt. Zusätzlich können diejenigen, die in den Büros an einem Bildschirmarbeitsplatz tätig sind, die Filmbeiträge über das Intranet abrufen und ansehen. Bei der Projektplanung wurden alle Kosten sauber berücksichtigt: Die Fernsehgeräte wurden berechnet, die Produktionskosten für die Filme; auch war klar, dass die Mitarbeiter einen Teil ihrer Arbeitszeit für das Ansehen der Filme aufwenden würden. Aus Sicht der Geschäftsleitung lohnte sich der gesamte Aufwand, weil durch diese Maßnahme Mitarbeiter schneller und wirksamer erreicht werden können, als über andere Medien.

Ein Faktor wurde bei der Realisierung übersehen: Die mittlere Führungsebene wurde nicht in die Entscheidung mit einbezogen. Die Teamleiter sträubten sich hartnäckig dagegen, die Fernsehzeiten ihrer Mitarbeiter zu erdulden. Sobald einige Arbeiter nur einige Minuten an einem der Bildschirme verweilten, mussten sie damit rechnen, von ihren Vorgesetzten angesprochen zu werden. Da dieses neue Medium keinerlei Akzeptanz bei den Team- und Gruppenleitern erfuhr, war der Nutzen des Projekts sofort in Frage gestellt. Ein weiterer Nebeneffekt der aufgestellten Geräte war, dass sich diejenigen Mitarbeiter, die ihren Arbeitsplatz in unmittelbarer Nähe der Lautsprecher hatten, schnell durch die Dauerbeschallung belästigt fühlten. Das ständige Wiederholen der Beiträge wirkte derartig nervtötend, dass sie irgendwann den Ton abstellten. Nur über Bilder konnten viele Botschaften gar nicht vermittelt werden.

Das Projekt „Mitarbeiterfernsehen" wurde nach kurzer Zeit eingestellt. Ein teurer Versuch, die Kommunikation zu verbessern. Er scheiterte daran, dass in der Entscheidungsvorbereitung wichtige Kriterien übersehen wurden.

Die wichtigsten Arbeitsschritte zur Entscheidungsvorbereitung für den Vorgesetzten – in chronologischer Reihenfolge – sind:

- Briefinggespräch mit dem Chef

- sämtliche Alternativen aufzeigen

- alle Informationen sammeln

- strukturieren und ordnen

- Management Summary

- Visualisierung und Darstellung

- Erinnerung und Wiedervorlage

Briefinggespräch mit dem Chef

Bitten Sie um einen Gesprächstermin, um die wichtigsten Fragen zu klären: Welche Entscheidung muss überhaupt vorbereitet werden? Welche Entscheidungs-Alternativen gibt es? Welche Kriterien müssen berücksichtigt werden, um die Entscheidung treffen zu können? Wie gewichtet der Chef diese Kriterien? Bis wann genau muss die Entscheidung für den Chef vorbereitet werden?

Sämtliche Alternativen aufzeigen

Bereits im Briefing-Gespräch hat der Chef die Alternativen genannt, die er selbst kennt. Überprüfen Sie diese Auflistung und ergänzen Sie sie um mögliche weitere Alternativen. Insbesondere sollten Sie auch die Frage mit aufnehmen: „Was passiert, wenn keine Entscheidung getroffen wird?" Denn auch dies ist eine mögliche Alternative.

Ein Beispiel: Eine Führungskraft ist mit einem seiner Mitarbeiter sehr zufrieden. Durch die gut ausgebildete Fachkraft konnten einige neue Kunden gewonnen werden und das Umsatzziel wurde übertroffen. Der Chef möchte den engagierten Kollegen nun zu weiteren Höchstleistungen motivieren und sieht dabei folgende Möglichkeiten:

- Er gewährt ihm eine Gehaltserhöhung oder bietet ihm eine attraktive Zusatzleistung an, wie etwa einen Firmenwagen.
- Er überträgt ihm mehr Verantwortung und erhöht damit seinen Stellenwert im Team.
- Er bietet ihm aktiv an, zusätzliche Weiterbildungsangebote zu nutzen.

Eine weitere Möglichkeit sollte auf jeden Fall auch durchdacht werden: Er macht erst einmal gar nichts. Im letzten Fall kann es sein, dass der Mitarbeiter sich in seiner besonderen Leistung nicht wahrgenommen fühlt. Möglicherweise vermisst er Anerkennung und Wertschätzung. Die Gefahr: Der Mitarbeiter bekommt ein attraktiveres Jobangebot von der Konkurrenz und wechselt bei nächster Gelegenheit den Arbeitgeber.

Alle Informationen sammeln

Nacheinander werden nun die einzelnen Alternativen abgearbeitet:

Welches sind messbare Kosten oder Nutzen? Was bedeuten die Alternativen? Welche Personen sind betroffen?

Recherchieren Sie zunächst, ob in der Vergangenheit bereits ähnliche Kalkulationen oder Aufstellung gemacht wurden und prüfen Sie, ob Sie diese Informationen auf das aktuelle Beispiel übertragen können.

Mögliche Quellen für Ihre Recherche:

- Intranet des Unternehmens
- Internetsuche
- Gespräche mit Kollegen

- Gespräche mit Fachleuten aus der Branche

- Gespräche mit Zulieferern

Es kann durchaus sein, dass sich einige Fragen nicht sofort exakt beantworten lassen. Manchmal ist es ausreichend, einen ungefähren Rahmen der zu erwartenden Kosten (oder Gewinne) anzugeben. Eine Größenordnung zu kennen, kann für manche Entscheidungen bereits völlig ausreichend sein.

Der Arbeitsaufwand für die Vorbereitung einer Entscheidung sollte in einer sinnvollen Relation zur Tragweite der Entscheidung selbst stehen. Bei der Anschaffung eines neuen Lochers wird es kaum eine Rolle spielen, exakt zu wissen, wie oft dieser im kommenden Jahr zum Einsatz kommen wird. Bei der Bestellung eines teuren Farbdruckers ist dies deutlich wichtiger. Hier lohnt es sich, die Kollegen nach einer Einschätzung ihres Bedarfs zu fragen um dann eine Angabe wie „50.000 bis 60.000 Seiten pro Monat" in die Kalkulation einfließen zu lassen. Könnte diese Zahl nur nach wochenlanger Kleinstrecherche genauer eingegrenzt werden, lohnt sich dieser Aufwand wohl nicht.

Strukturieren und ordnen

Um einen Überblick über alle wichtigen Informationen zu erhalten, werden diese zunächst in eine einheitliche Form gebracht. Sämtliche Zahlenangaben werden in dieselben Messeinheiten übertragen, damit sie später leichter vergleichbar sind. Wird beispielsweise der nötige Zeitaufwand für ein Projekt immer in Mitarbeiterstunden ausgedrückt, lassen sich diese einzelnen Zeiteinheiten ganz einfach addieren oder gegenüberstellen. Wenn es auch eine Rolle spielt, wie teuer die beteiligten Mitarbeiter sind, ist es genauer (aber auch sehr viel aufwändiger), Bruttolohn-Einheiten zu benennen.

Management Summary

Eine Management-Zusammenfassung erlaubt es dem eiligen Betrachter, in wenigen Sekunden die wesentlichen Argumente zu erfassen. Dabei wird streng von „wichtig" zu „unwichtig" hin strukturiert. Eine chronologische Reihenfolge spielt bei einer solchen Auflistung dagegen keine Rolle.

Werden im Rahmen einer Entscheidungsvorbereitung alle relevanten Fakten schriftlich erläutert und ausführlich dokumentiert, können da schon einmal einige Seiten Text zusammen kommen. Eine Führungskraft muss vor allem schnelle und sichere Entscheidungen treffen können. Da ist es nicht zumutbar, dass ein Manager sich erst einmal durch eine 30-seitige Präsentation hindurch arbeitet, diese erst vollständig lesen und verstehen muss, bis er die Ergebnisse einordnen und bewerten kann. Daher hat es sich durchgesetzt, vor ausführlichere Unterlagen vorab eine Zusammenfassung zu heften.

Visualisierung und Darstellung

▨ *Tabellarische Übersicht:*
Einfache Entscheidungsalternativen können in einer Tabelle übersichtlich dargestellt werden. Auf einen Blick sind hier die Fakten präsentiert und können anschließend über eine Text-Erklärung weiter erläutert werden.

▨ *Der Entscheidungsbaum:*
Über einen Entscheidungsbaum können komplexere Entscheidungsketten dargestellt werden.

Jede einzelne kleine Entscheidung wird wie eine Weggabelung dargestellt und zeigt so die vielfältigen, möglichen nächsten Schritte und Ergebnisse auf.

Erinnerung und Wiedervorlage

Die Entscheidungsvorbereitung wurde rechtzeitig weitergegeben – nun ist die Führungskraft am Zug. Zum vorgesehenen Entscheidungstermin kann nun frühestens wieder nachgehakt werden: Wie wurde entschieden? Welches sind die nächsten Schritte?

Im turbulenten Alltag von Unternehmen, in denen sich vieles bewegt, kann es häufig passieren, dass ein Entscheidungsgremium kurzfristig die Agenda ändert: Ursprünglich vorgesehene Themen werden auf ein nächstes Treffen vertagt, andere Projekte vorgezogen.

Für die unterstützende Vorbereiterin – die Sekretärin oder Assistentin – bleibt nun nur noch: Die Termine im Auge behalten, vorher eventuell die gesammelten Fakten aktualisieren und neue Erkenntnisse einarbeiten.

Die sieben größten Fehler bei der Entscheidungsvorbereitung

Trotz sorgfältiger Durchführung passiert es immer wieder, dass Entscheidungen nicht optimal vorbereitet werden. Befragt man Manager, welches ihre Hauptkritikpunkte an Entscheidungs-Assistenzen sind, erhält man folgende Antworten:

Den Entscheider drängeln

Kann ich das Hotel nun buchen? – Herr Winkler fragt gerade zum zehnten Mal an, ob der Folder nun so in den Druck gehen kann – Ist der Vertrag schon unterschrieben? Die Post geht gleich raus.

Solche oder ähnliche Fragen mögen nötig erscheinen, um Klarheit über die weitere Vorgehensweise zu erhalten. Für denjenigen, an den sie gerichtet sind, können sie sehr lästig oder gar nervtötend wirken. Im Übermaß gestellt, provozieren solche Fragen vielleicht sogar eine Trotzreaktion: Es wird nun gar nichts entschieden (Ich mache hier die Termine!) oder eilig eine unüberlegte Entscheidung getroffen (damit endlich Ruhe ist).

Wichtig: Bei Termindruck sollte unbedingt geprüft werden, ob die Dringlichkeit von außen gesteuert wird oder ob das Unternehmen selbst ein Eigeninteresse an einer Beschleunigung der Entscheidung hat.

Unvollständig vorbereiten

Es ist höchst ärgerlich, wenn wesentliche Informationen fehlen. Ein Manager muss sich auf seine Entscheidungsvorbereitung verlassen können. Wenn er nun sein Thema vor seinen Vorgesetzten präsentiert, muss er auf mögliche Fragen vorbereitet sein und bereits eine Antwort parat haben.

Wichtige Personen nicht einbeziehen

„Da hat jemand die Rechnung ohne den Wirt gemacht, " besagt ein altes Sprichwort.

Jedermann sieht sofort ein, dass bestimmte Menschen zwingend mit einbezogen werden müssen, bevor eine Entscheidung getroffen werden kann. Um niemanden zu vergessen, können folgende Fragen helfen:

- Wer wird die Kosten tragen?
- Wer hat möglicherweise einen Schaden?
- Wer erwartet einen Nutzen?
- Wer wird die Umsetzung realisieren?
- Welche Auswirkungen hat die Entscheidung auf das Unternehmen?

Die Entscheidung abnehmen

Eine hervorragende Assistenz zieht ihren Vorgesetzten durch ihre Entscheidungsvorbereitung nicht an der Hand durchs Leben. Sie zeigt ihm nur auf: Wenn Sie nach links gehen, wird Folgendes passieren. Wenn Sie nach rechts abbiegen, wird der Weg so und so weiter gehen. Subjektive Einschätzungen sind fehl am Platz.

Zu viel Text schreiben

Eine Führungskraft beauftragt seine Sekretärin, ihn bei seiner Vorbereitung einer Entscheidung zu unterstützen, um Zeit zu gewinnen. Eine perfekt ausgearbeitete Entscheidungsvorlage ist daher kurz gefasst und übersichtlich.

Rechenfehler oder unsaubere Darstellung von Fakten

Ist die Aufstellung der Kosten oder die Gegenüberstellung von Auswirkungen lückenhaft oder mit Fehlern versehen, kann dies schwerwiegende Folgen haben. Möglicherweise fällt eine Entscheidung zu Gunsten der vermeintlich preisgünstigeren Lösung oder gegen einen vermeintlich zu hohen Aufwand.

Die Zusammenfassung fehlt

Ohne Zusammenfassung ist eine Entscheidung nur zur Hälfte vorbereitet. Die erste Seite mit einer Essenz der wichtigsten Ergebnisse, die die Entscheidung betreffen, bereitet die größte Mühe. Doch sie verschafft dem Ergebnis auch den größten Nutzen.

Wohl dem, der hier hilfreiche Unterstützung genießt, damit Entscheidungen schnell und sicher getroffen werden können. Mit der richtigen Vorbereitung ist in wenigen Minuten die passende Agentur für die Imagebroschüre ausgewählt, der Tagungsort für das Strategie-Meeting gebucht, der Mietvertrag für den Fotokopierer unterschrieben und die freundliche Absage an den lokalen Fußballverein diktiert.

Typische Beispiele für versteckte Nebenkosten

Mailings

Berücksichtigt wird fast immer:

- Agenturkosten für die Gestaltung
- Druckkosten für die geplante Auflage

Eher übersehen werden kann:

- höheres Porto (durch ein besonderes Format oder Gewicht)
- falzen & kuvertieren (wenn mehrere Blätter auf bestimmte Weise gefaltet und in den Umschlag gesteckt werden müssen)
- Zeit = Personalkosten für persönliche Unterschriften oder ähnliches

Warenbestellungen

Neben dem absoluten Preis für die Ware spielen auch folgende Punkte eine Rolle:

- Versand und Lieferung,
- eventuell: Zahlungsbedingungen des Lieferanten (ein längeres Zahlungsziel oder unverzinste Ratenzahlung ist natürlich vorteilhafter als sofortige Barzahlung bei Lieferung oder gar Vorkasse),
- eventuell: Zoll bei Bestellungen im Ausland,
- Lagerkosten (bei Großbestellungen kann es unter Umständen interessanter sein, öfter kleinere Mengen abzurufen, als das eigene Lager mit großen Paletten voll zu stellen).

Hotelbuchungen

Zimmerpreise sind nicht unmittelbar vergleichbar. Berücksichtigt werden sollten auch:

- Aufwand für die Anreise

- Stornobedingungen (es kann ein großes Plus bedeuten, wenn eine Buchung relativ kurzfristig kostenfrei storniert werden kann, falls sich etwas ändert)

- Agenturprovisionen oder Servicegebühren

Einführen einer neuen Software

Neben den Kosten für die Software ist es auch wichtig, folgende Faktoren zu prüfen:

- Kosten für zusätzliche Arbeitsplatz-Lizenzen

- Aufwand, Daten aus der alten Software in die neue zu überspielen

- Schulungsaufwand für Mitarbeiter

- längere Bearbeitungszeiten während einer Umgewöhnungsphase

Gesprächsführung

Birgit Preuß-Scheuerle

Im Gespräch agieren und reagieren, ohne in die Defensive zu geraten

Eine souveräne Gesprächsführung zu praktizieren, bedeutet, wertschätzend zu sein, Gefühle anderer wahrzunehmen und zu respektieren sowie deren Interessen und Bedürfnisse als berechtigt zu akzeptieren. Gleichzeitig bedeutet es, die eigenen Interessen zu vertreten und nach Möglichkeiten zu suchen, wie alles miteinander in Einklang gebracht werden kann.

Eine gute Gesprächsführung ist immer wieder eine Herausforderung. Grundlage dafür ist die ausführliche Vorbereitung auf ein Gespräch. Um den Aufwand dazu zu minimieren, lohnt sich ein Blick auf die Gemeinsamkeiten aller Gespräche. Die daraus entwickelte Struktur bietet auch während eines Gespräches Orientierung. Mithilfe von Fragetechniken und positiven Formulierungen gelingt es Ihnen dann, sich der „Führungsaufgabe" zu stellen.

Gemeinsamkeiten aller Gespräche

Es gibt Zweier- und Dreiergespräche, Besprechungen, Teamsitzungen, Meetings und Diskussionen in größeren Runden, Beratungs- und Verkaufsgespräche, Bewerbungsgespräche etc. Es gibt Gespräche mit dem Partner, den Kindern und Familienangehörigen, Gespräche mit Vorgesetzten, Kolleginnen und Kollegen, mit Mitarbeiterinnen und Mitarbeitern und so weiter.

Sicher fallen Ihnen noch mehr Situationen ein. Der Unterschied der jeweiligen Gesprächssituation besteht in der Anzahl der Personen, in den unterschiedlichen Themen, den unterschiedlichen Zielsetzungen, einer anderen Vertrautheit und einem jeweils anderen Kontext, in dem die Gespräche stattfinden.

Doch was haben alle diese Gespräche gemeinsam?

Zunächst: Alle Gespräche verlaufen nach einer bestimmten *Struktur.* Außerdem verfolgen Sie in allen Gesprächen ein bestimmtes *Ziel.* Alle diese Gespräche verlaufen erfolgreicher, wenn Sie sie *vorbereiten* (schriftlich oder auch nur in Gedanken). Und zu guter Letzt kann es in allen Gesprächen durch unklare Formulierungen und einseitiges Hörverhalten zu *Missverständnissen* oder durch unangemessene Forderungen oder Kritik zu Angriffen und *Konflikten* kommen.

Es lohnt sich daher, Gespräche vorzubereiten.

Gesprächsvorbereitung

Planen Sie Ihr Gespräch schriftlich. Wenn Sie etwas aufschreiben, motivieren Sie sich, vorher etwas gründlich zu durchdenken. Außerdem haben Sie im Gespräch eine Gedächtnisstütze. Damit behalten Sie Ihr Ziel leichter im Auge und vermitteln Ihren Gesprächspartnerinnen und -partnern außerdem das Gefühl, wichtig zu sein und ernst genommen zu werden.

Folgende sieben Punkte helfen Ihnen, sich gut vorzubereiten:

▣ *Wer sind meine Gesprächspartnerinnen und -partner?*
Welches Alter, Bildungsniveau, welche Stellung haben sie? Diese Faktoren beeinflussen, was Sie sagen, wie Sie es sagen und wie viel Sie vorab informieren. „Alte Hasen" fühlen sich nicht ernst genommen, wenn sie über Selbstverständlichkeiten informiert werden. Neue unerfahrene Kolleginnen und Kollegen brauchen noch mehr Informationen, um Sicherheit zu gewinnen. Entscheidungsträger möchten gerne direkt angesprochen werden, obwohl das Thema hauptsächlich Sie und Ihre Kollegen betrifft. Wenn Sie sich auf diese Befindlichkeiten einstellen, vermeiden Sie unnötigen Widerstand. Überlegen Sie sich ebenfalls Themen für den Small Talk. „Aufhänger" könnten sein:

– Gemeinsames wie zum Beispiel das Wetter, Getränke, Anfahrt,
– Naheliegendes wie der Raum oder die Landschaft,
– Komplimente über Accessoires, Schmuck, Krawatte, Frisur,
– Frage und Bitten: „Mögen Sie auch eine Tasse Kaffee?"

▣ *Informieren Sie sich inhaltlich*
Nur dann können Sie fundiert argumentieren, und Sie bleiben auch bei Gegenargumenten und Angriffen ruhiger.

▣ *Wie werden Sie eingeschätzt?*
Oft hatten Sie schon vorher am Telefon Kontakt. Waren Sie freundlich und kompetent, dann werden sich die Gesprächsteilnehmenden positiv auf Sie einstellen. Waren Sie eher ungeduldig und kurz angebunden, wird Sie von Beginn an eher ein kühleres Gesprächsklima erwarten. Wenn sich die Teilnehmenden schon lange kennen, dann kennen sie auch Schwächen und Stärken der einzelnen. Wenn Sie dafür bekannt sind, dass Sie leicht zu provozieren sind, dann werden andere dieses Spielchen auch gerne spielen. Wie Sie verbal entschärfen, erfahren Sie in diesem Kapitel.

▣ *Definieren Sie Ihre Gesprächsziele*
Wenn Sie wissen, was Sie erreichen wollen, können Sie auch gezielt verhandeln. Teilen Sie dabei Ihre Ziele in drei Kategorien ein: Hauptziele, Nebenziele und Rückzugsziele.

Sie möchten beispielsweise mit Ihrer Vorgesetzten über eine Gehaltserhöhung verhandeln. Ihr Hauptziel ist eine Gehaltserhöhung um 200 Euro. Ihr Nebenziel sind verbesserte Arbeitsbedingungen durch einen neuen PC. Ihr Rückzugsziel ist ein erneutes Gespräch in vier Monaten, wenn im Moment keine Gehaltserhöhung möglich ist.

▨ *Was wollen die anderen erreichen?*
Überlegen Sie, was die anderen wahrscheinlich erreichen wollen. Welche Gemeinsamkeiten und welche Unterschiede bestehen dabei in der Zielsetzung? Ihr Chef sieht im Moment keine Möglichkeit für eine Gehaltserhöhung, er möchte jedoch, dass Sie ein Office-Management-Seminar besuchen, damit er anschließend mehr Argumente für die Gehaltserhöhung gegenüber seinem Vorgesetzten hat.

▨ *Überlegen Sie sich mögliche Kompromisse*
Wenn Sie sich zuvor ein paar Kompromiss-Vorschläge überlegt haben und Ihren Verhandlungsspielraum, also Ihr Haupt- und Rückzugsziel abgesteckt haben, können Sie klar verhandeln.

▨ *Entwickeln Sie Nutzenargumente*
für die anderen ist es wichtig, welchen Nutzen sie davon haben und weniger interessant, was es Ihnen nutzt.

Checkliste Gesprächsvorbereitung

▸ **Wer sind meine Gesprächspartner?**

  – Alter
  – Stellung
  – Bildungsniveau
  – Informationsstand
  – Small Talk-Themen

▸ **Welche inhaltlichen Informationen benötige ich – welche die anderen?**
▸ **Wie werde ich eingeschätzt?**
▸ **Meine Gesprächsziele?**

  – Hauptziel
  – Nebenziel
  – Rückzugsziel

▸ **Was wollen die anderen erreichen?**
▸ **Mögliche Kompromisse?**
▸ **Nutzenargumente?**

Gesprächsverlauf

Ein Gespräch besteht aus vier Sequenzen: der Gesprächseinleitung, der Gesprächseröffnung, dem Hauptteil und dem Gesprächsabschluss.

Die Gesprächseinleitung

Die Gesprächseinleitung ist die Aufwärmphase. Seien Sie von Anfang an körperlich präsent, achten Sie auf eine selbstsichere Körpersprache: aufrechter Gang, gerade Kopfhaltung, festen Stand beziehungsweise eine offene Sitzhaltung und Blickkontakt. Wenn Sie zu Beginn Unsicherheit über die Körpersprache signalisieren, werden Sie im Gespräch mehr an Überzeugungsarbeit leisten müssen.

Begrüßen Sie Ihre/n Gesprächspartner/in mit Namen und lockern Sie die Situation durch einen Small Talk auf.

Auch wenn das Plaudern über Belangloses oder Persönliches für viele angenehmer ist, als zum Thema zu kommen, ist es wichtig, dass Sie verbindlich sind und bleiben. Leiten Sie nach kurzer Zeit zur Gesprächseröffnung über. Ansonsten besteht die Gefahr, dass Sie nie zum eigentlichen Thema des Gesprächs kommen. Wenn Sie ein Gespräch von einer Stunde führen wollen, kann die Anwärmphase zirka fünf Minuten dauern. Für einen ungeduldigen Gesprächspartner sind auch drei Minuten ausreichend.

Die Gesprächseröffnung

In der Gesprächseröffnung klären Sie die Situation. Benennen Sie das Gesprächsthema oder die Themen klar und eindeutig. Sonst kann es passieren, dass sich Themen vermischen oder Sie sogar über unterschiedliche Dinge sprechen. Viele Gespräche scheitern schon in der Gesprächseröffnung, weil die Gesprächsthemen und Ziele nicht deutlich geklärt werden.

Überlegen Sie sich bei schwierigeren Gesprächssituationen genau, *wie* Sie das Thema ansprechen wollen, und lernen Sie diese Vorüberlegungen unter Umständen auswendig, damit Sie klar und eindeutig das Gesprächsthema und Ziel formulieren.

Signalisieren Sie bei der Gesprächseröffnung Einfühlungsvermögen und Offenheit: zum einen über die Körpersprache, zum anderen durch Ihr Gesprächsverhalten, indem Sie ihr Gegenüber nicht mit Argumenten überfallen, sondern Schritt für Schritt im Dialog die Problemlösung erarbeiten.

Der Hauptteil

Den Hauptteil des Gesprächs gestalten Sie durch

- aktives Zuhören,

- eine zielgerichtete Argumentation,

- Fragetechniken (Tipps dazu erhalten Sie im Folgenden),

- positives Formulieren (Tipps dazu erhalten Sie im Folgenden),

- eine selbstsichere Körpersprache,

- indem Sie sich Notizen machen,

- das Aushalten von Gesprächspausen,

- die Klärung von Missverständnissen und Unklarheiten durch Fragen.

Der Gesprächsabschluss

Zu einem erfolgreichen Gespräch gehört ein guter Gesprächsabschluss, ohne ihn bleibt häufig unklar, was im Verlauf des Gesprächs erreicht wurde. Ein schlechter oder fehlender Gesprächsabschluss ist ebenso oft Ursache für misslungene Gespräche wie eine verpatzte Gesprächseröffnung.

Führen Sie den Abschluss bewusst herbei, indem Sie eine Gesprächszusammenfassung machen. Benennen Sie Gemeinsamkeiten und Differenzen, und halten Sie die Ergebnisse eindeutig mündlich oder schriftlich fest. Falls notwendig, vereinbaren Sie einen weiteren Gesprächstermin. Bedanken Sie sich für das angenehme Gespräch oder für das konstruktive Feedback, für die konstruktive Diskussion oder die guten Ergebnisse. Verabschieden Sie sich mit Namen.

Vergleichen Sie im Folgenden die beiden Gesprächsabschlusssequenzen:

„Ja, Frau Schatt, dann ist ja soweit alles geklärt, Sie wissen, was zu tun ist, und wir brauchen uns keine Gedanken mehr über diese Themen zu machen."

„Gut Frau Schatt, Sie klären die Hotelfrage für die Tagung, verschicken die Einladungen und koordinieren die Anmeldungen. Die Reklamation der Firma Nöller werde ich übernehmen. In puncto Einarbeitung der neuen Kollegin erstellen Sie gemeinsam mit ihr eine Checkliste und nehmen sich jeden Tag 20 Minuten Zeit, um Fragen gesammelt zu klären."

Dieses Beispiel zeigt, dass eine Gesprächszusammenfassung kurz, klar und prägnant sein kann. Wenn irgendein Punkt in der Zusammenfassung fehlt, haben Sie immer noch die Möglichkeit nachzufragen und zu klären oder zu vertagen. Sie ersparen sich und Ihren Gesprächspartnern dadurch späteres Nachbessern und Nachfragen.

Wer fragt, führt – aber wie?

Fragen helfen, Missverständnisse zu vermeiden oder aufzuklären. Durch Fragen erhalten Sie Informationen auf der Sach- und/oder der Beziehungsebene. Fragen schützen Sie vor unüberlegten emotionalen Ausbrüchen und Rechtfertigungen. Fragen signalisieren Offenheit, erzeugen Empathie und schaffen dadurch eine angenehme Gesprächsatmosphäre, in der es leichter fällt, auch kritische Punkte zu klären. Nutzen Sie dieses Instrument der Gesprächsführung und trainieren Sie die folgenden Fragetechniken:

▨ *Die offene Frage:*
Die offene Frage lässt alle Antwortmöglichkeiten zu. Die sogenannten W-Fragen – was, wieso, weshalb, warum – sind offene Fragen, Sie fördern die Kommunikation, fragen Meinungen und Informationen ab. Offene Fragen helfen zu Beginn eines Gesprächs, mehr über andere zu erfahren. Achten Sie jedoch darauf, dass Ihnen das Gespräch nicht entgleitet, denn oft führen die Antworten auf Nebensächlichkeiten hin. Wenn Sie mit offenen Fragen arbeiten, reflektieren Sie während der Antworten, ob diese wirklich noch zum Thema gehören.

Beispielsweise die Frage: „Wie stellen Sie sich Ihre weitere berufliche Entwicklung vor?" Wenn Ihnen in einem Personalentwicklungsgespräch diese Frage gestellt wird, haben Sie alle Antwortmöglichkeiten und können ohne Beeinflussung Ihre Vorstellungen darlegen.

▨ *Die geschlossene Frage:*
Die geschlossene Frageform lässt sich nur mit Ja oder Nein beantworten:

„Gehen Sie nach der Arbeit noch mit zu unserer Feier?", „Arbeiten Sie mit Ihrer Kollegin gut zusammen?", „Möchten Sie sich umorientieren?"

Sie erhalten durch diese Fragestellung zwar kurze, knappe Antworten und können so weiter Fragen stellen. Sie erfahren aber nicht unbedingt Hintergründe und weiterführende Informationen. Geschlossene Fragen stellen Sie während des Gesprächs, wenn Sie eine kurze Antwort benötigen oder am Gesprächsende, um abzuklären, ob die Gesprächspartner mit den Vereinbarungen einverstanden sind.

Selbstverständlich können Sie als Antwortende das Schema der geschlossenen Frage auch durchbrechen und mit: „Weder ja noch nein, ich habe mich noch nicht entschieden", antworten.

▨ *Alternativfragen:*
Die Alternativfrage ist eine Variante der geschlossenen Frage. Sie lässt vorgegebene Antwortmöglichkeiten zu und dient ebenfalls am Gesprächsende zur Entscheidungsfindung:

„Möchten Sie die Aufgabe alleine übernehmen oder möchten Sie Unterstützung von einer Kollegin?"

Sie lenkt die Gedanken auf zwei Alternativen. Dadurch kann diese Frageform auch manipulativ eingesetzt werden. Sie können selbstverständlich auch drei Alternativen anbieten. Wenn Sie mehr als vier Möglichkeiten anbieten, verwirrt das die gefragte Person, und die Frage verliert ihren Sinn. Wenn Ihnen eine Alternativfrage gestellt wird, können Sie das Raster durchbrechen und antworten: „Weder A noch B, Variante C wäre mir lieber."

▨ *Quasi-geschlossene Fragen:*
Diese lassen nur eine Antwortmöglichkeit zu, obwohl sie W-Fragen sind: „Wie spät ist es?", „Was steht da?" Wenn Sie gezielt eine Information benötigen, dann ist die quasi-geschlossene Frage eine gute Möglichkeit, um eine Antwort zu erhalten.

▨ *Bestätigungsfragen:*
Sie gehören ebenfalls zur Kategorie der geschlossenen Fragen. Sie erhalten ein Ja oder ein Nein am Ende. Sie fragen jedoch zuvor: „Habe ich Sie richtig verstanden, wenn …?" Oder: „Meinen Sie damit …?" Sie dienen zur Motivation, indem sie signalisieren, dass Sie zuhören und verstehen wollen, und zur Absicherung, dass Sie Ihre Gesprächspartner richtig verstanden haben.

▨ *Rhetorische Fragen:*
Die rhetorische Frage beantworten Sie sich selbst: „Wie gehen wir nun weiter vor?" Im Anschluss kommen Ihre Vorschläge für das weitere Vorgehen. Sie dient der Orientierung im Redebeitrag für die Zuhörenden und erweckt Aufmerksamkeit.

▨ *Kettenfragen:*
In der Kettenfrage stellen Sie mehrere Fragen hintereinander. Das widerspricht der Grundregel, immer nur eine Frage zu stellen. Auf Kettenfragen erhalten Sie auch keine vernünftigen Antworten, da die Gefragten sich nicht alle Fragen merken können. Eine Kettenfrage macht nur Sinn, wenn Sie andere verwirren möchten oder in einer Diskussion ein Stillstand erreicht ist. Dann können Sie eine Kettenfrage stellen, in der Hoffnung, dass irgendjemand auf irgendeine Frage antwortet.

▨ *Die Gegenfrage:*
Nicht alle Fragen müssen beantwortet werden. Wird Ihnen eine unfaire Frage gestellt, können Sie diese unbeantwortet lassen und eine Gegenfrage stellen, um persönliche Angriffe abzuwehren. Gehen Sie mit dieser Frageform jedoch sehr sparsam um, denn wir haben alle gelernt, dass eine Frage nicht mit einer Gegenfrage beantwortet werden soll. Deshalb reagieren viele Menschen ärgerlich auf diese Strategie.

▨ *Die Suggestiv-Frage:*
Sie ist eine manipulative Frage und aus diesem Grund nicht empfehlenswert. Es ist jedoch wichtig, sie zu kennen, um darauf angemessen reagieren zu können: „Sie sind doch sicher auch der Meinung, dass die neue Kollegin nicht in unser Team passt?" Wird Ihnen eine solche Frage gestellt, ist es wichtig, mit einem klaren „Nein" die Manipulation zu beenden und die eigene Meinung darzulegen oder nach dem Grund dieser Frage zu fragen.

Damit Ihre Fragen auch ihr Ziel erreichen ist es wichtig, folgende Regeln zu beachten:

▨ *Stellen Sie immer nur eine Frage*
Dann warten Sie die Antwort ab. Oder können Sie sich selbst eine Flut von Fragen merken?

▨ *Nennen Sie den Grund der Frage vor der Frage*
Viele Fragen werden nicht beantwortet, weil sie wieder vergessen wurden. Fragen Sie also nicht: „Wie beurteilen Sie die neuesten Entwicklungen im Unternehmen? Wissen Sie, ich habe da gestern einen Artikel gelesen, der das Ganze recht optimistisch schildert …"

Fragen Sie besser: „Ich habe gestern einen Artikel zur Entwicklung unseres Unternehmens gelesen, der sehr optimistisch war. Wie beurteilen Sie die Situation?"

▧ *Fragen Sie einfach und positiv*

Fragen Sie klar: „Ist Herr Maier da?" Mit Negationen verwirren Sie Ihr Gegenüber („Ist Herr Maier nicht da?"). Eine Antwort wäre nämlich schwierig. Korrekt beantwortet würde ein Ja heißen: „Ja, Herr Maier ist nicht da." Antworten Sie mit Nein, würde das bedeuten: „Nein, Herr Maier ist da." Da das Spielchen sehr verwirrend ist, fragen Sie lieber positiv, dann können Sie die Antwort auch richtig interpretieren, und die gefragte Person weiß, wie sie antworten soll.

▧ *Stellen Sie Fragen kurz und präzise, aber nicht nur in Stichwörtern*

Berücksichtigen Sie, dass die Gefragten auch ungefragt Ergänzungen vornehmen können und es bei Stichwortfragen auf den Zusammenhang ankommt, ob Sie richtig verstanden werden.

Wenn die Kellnerin im Restaurant fragt: „Lamm?", und Ihr Begleiter sagt: „Ich, das bin ich ..." ist in dieser Situation sehr wahrscheinlich, dass die Kellnerin meinte: „Wer hat Lammfleisch bestellt?"

Wenn Ihre Chefin fragt: „Fertig?", wird es schon schwieriger, denn wenn Sie Ja sagen, weil Sie den Bericht meinen, Ihre Chefin aber nach der Präsentation fragt und die noch nicht fertig ist, wird die Situation etwas konfliktträchtiger als im Restaurant.

Fragen haben viele Vorteile: Durch Fragen zeigen Sie Interesse an Ihren Gesprächspartnern. Sie sichern ab, ob Sie etwas richtig verstanden haben. Sie führen das Gespräch und Sie erfahren mehr.

Fragen Sie deshalb künftig mehr, auch wenn Sie als Kind gelernt haben, dass man nicht so viel fragen sollte. Wenn Sie Fragetechniken trainieren möchten, empfehle ich Ihnen bekannte Gesellschaftsspiele: zum Beispiel das heitere Berufe raten. Dabei müssen die Mitspielenden durch ihre Fragestellung möglichst viele Informationen herausfinden, erhalten aber immer nur ein Ja oder Nein.

Auch Rätsel sind interessante Übungen. Sie schildern beispielsweise eine Situation, und Ihre Mitspieler müssen erfragen, was passiert sein könnte. Sie dürfen nur mit Ja oder Nein antworten.

Positiv formulieren

Positiv zu formulieren hat viele Vorteile. Sie erhöhen Ihre Überzeugungskraft, Sie öffnen die Ohren anderer und sagen das, was Sie erreichen wollen. Sie sind dabei klar, eindeutig und lösungsorientiert.

Ihre Wirkung erzielen positive Formulierungen jedoch nur, wenn Sie selbst auch eine positive Ausstrahlung haben, die sich in Körperhaltung und Sprechweise widerspiegelt. Ihr Körper ist den Gesprächspartnern zugewandt, Ihre Gestik offen und Ihre Mimik freundlich. Die Stimme klingt kraftvoll und engagiert. Ihre Sprechweise ist angemessen in Tempo und Tonfall. Im Umkehrschluss bedeutet das, Sie brauchen dazu auch die positive innere Einstellung, zu sich selbst, gegenüber anderen und den Dingen gegenüber.

Wenn Sie denken, dass Ihr Gesprächspartner ein Idiot ist und seine Vorschläge nichts als Müll, wird es Ihnen kaum gelingen, positiv zu reden und zu handeln.

Von unklaren zu klaren Formulierungen

Sie selbst können entscheiden, ob Sie klar formulieren und damit für andere Klarheit schaffen und Hilfestellung geben, oder ob Sie andere im Trüben fischen lassen:

„Bitte schicken Sie mir die Präsentation rechtzeitig zu." Was ist rechtzeitig? Für den einen ist es fünf Minuten vorher, für die anderen einen Tag vorher.

„Ich versuche, den Projektplan bis morgen fertig zu haben." Sie versuchen nur? Und was bedeutet morgen?

Durch eine unklare Kommunikation entstehen überflüssige Missverständnisse, und Sie klingen nicht sehr kompetent, wenn Sie es nur *versuchen*.

Worte wie *vielleicht, irgendwie, eigentlich* sind sprachliche „Weichspüler". Sie schränken die Aussage ein, relativieren sie und verringern dadurch Ihre Überzeugungskraft und Verbindlichkeit:

„Wenn Sie eigentlich kompetent sind, könnten Sie es doch vielleicht irgendwie schaffen, den Bericht bis morgen zu aktualisieren. Alles klar?"

Im Gegensatz dazu steht eine klare Aussage: „Da Sie kompetent sind, schaffen Sie es, den Bericht bis morgen zu aktualisieren. Alles klar?"

Von negativen zu positiven Formulierungen:

Negativ zu formulieren, haben Sie schon recht früh gelernt. Wie oft haben Sie als Kind gehört: „Tu dies nicht, tu jenes nicht."

Als Erwachsener haben Sie dann ganz automatisch diese negativen Formulierungen übernommen. Sie sagen:

▨ „Seien Sie bloß nicht unpünktlich.", statt „Bitte kommen Sie morgen pünktlich um 9:00 Uhr."

Was ist die Folge solcher negativen Formulierungen? Sie richten damit den Fokus genau auf das, was Sie vermeiden wollen. Wenn man Ihnen sagt: „Denken Sie nicht an einen heißen Cappuccino!" Woran denken Sie dann? Genau! An einen heißen Cappuccino.

Übung:

Formulieren Sie folgende Sätze positiv um:

▸ **Fall nicht herunter.**
▸ **Störe ich Sie gerade?**
▸ **Verlieren Sie die Unterlagen bloß nicht.**
▸ **Ich kann Ihnen nicht wirklich helfen.**
▸ **Ich bin morgen nicht zu erreichen.**
▸ **Ich kann das heute nicht erledigen.**

Lösungsvorschläge:

▨ Halte dich gut fest.

▨ Haben Sie zehn Minuten Zeit für mich?

▨ Bitte achten Sie auf die Unterlagen.

▨ Frau X kann Ihnen in dieser Frage weiterhelfen. Darf ich Ihren Anruf weiterleiten?

▨ Ich bin am Dienstag ab 8:30 Uhr wieder zu erreichen.

▨ Ich kann das bis morgen 14:00 Uhr erledigen.

In den Lösungsvorschlägen wurde auch das Prinzip der Klarheit umgesetzt. Statt zu sagen: „Ich kann das heute nicht erledigen", wäre es auch möglich zu sagen: „Ich erledige das bis morgen." Wenn Sie noch eine Uhrzeit nennen, sofern diese auch einzuhalten ist, klingen Sie verbindlicher und kompetenter.

Positive Formulierungen haben noch einen weiteren wichtigen Aspekt: Unser Unterbewusstsein kann Verneinungen nicht umsetzen.

Ein Beispiel: Wenn am Hotelparkplatz steht: „Bitte nicht rückwärts einparken", wird das Einparken kompliziert. Würde auf dem Schild stehen: „Bitte vorwärts einparken", wüssten alle genau, was zu tun ist, die Bitte wäre freundlicher, da Gebote eher akzeptiert werden als Verbote.

Ein anderes Beispiel: Ihre Kollegin telefoniert sehr laut, das stört Sie beim konzentrierten Arbeiten. Negativ formuliert würde Ihre Kritik so lauten: „Du telefonierst so laut, da kann ich mich nicht konzentrieren." Auf welchem Ohr würde Ihre Kollegin diese Botschaft wohl hören? Sehr wahrscheinlich auf der Beziehungsebene als Vorwurf: „Du bist schuld, dass ich mich nicht konzentrieren kann."

Positiv formuliert lautet die Bitte: „Ich bitte dich, etwas leiser zu telefonieren, damit ich mich besser auf die Auswertung konzentrieren kann. Herr Mach braucht sie bis Donnerstag, und ich bin gerade sehr unter Druck. Du würdest mir dadurch wirklich helfen."

Das ist zwar länger, aber positiv und entspricht dem Modell des Nachrichten-Quadrates:

▨ Selbstoffenbarungsebene – ich bin unter Druck

▨ Beziehungsebene – du würdest mir dadurch sehr helfen

▨ Appell – bitte telefoniere etwas leiser

▨ Sachebene – ich muss einen Bericht schreiben, Herr Mach braucht ihn bis Donnerstag.

Sicher ist Ihre Kollegin nach der positiven Formulierung eher bereit, Sie zu unterstützen als nach der Anschuldigung.

Von passiven zu aktiven Formulierungen

Passive Formulierungen sind ungenau und wirken weniger verbindlich. Als Person reduzieren Sie durch passive Formulierungen Ihren Anteil am Ergebnis. Schreiben Sie nicht den Umständen den Erfolg oder Misserfolg zu, sondern übernehmen Sie Verantwortung. Statt bei Erfolg zu sagen: „Ich hatte Glück", formulieren Sie aktiv und sagen: „Ich habe hart gearbeitet und ein gutes Ergebnis erzielt."

Formulieren Sie auch bei Misserfolg aktiv und übernehmen Sie Verantwortung. Statt: „Ich konnte nichts dafür, dass der Termin ausgefallen ist, mein Zug hatte Verspätung." Besser: „Mein Zug hatte Verspätung, deshalb habe ich den Besprechungstermin um zwei Tage verschoben."

Formulieren Sie auch bei Komplimenten aktiv. Das klingt glaubwürdiger. Statt zu sagen: „Das Mittagessen wurde von allen sehr genossen." Formulieren Sie aktiv und sagen: „Wir haben das Mittagessen alle sehr genossen."

Auch bei Kritik haben aktive Formulierungen eine bessere Wirkung. Statt: „Der Vorschlag war nicht annehmbar", zeigen Sie ihre Kompetenz durch: „Ich habe den Vorschlag abgelehnt, da wir die Maßnahmen in der kurzen Zeit nicht umsetzen können."

Formulieren Sie aktiv und zeigen Sie dadurch Kompetenz.

Von vergangenheits- zu zukunftsorientierten Formulierungen

Um Schuldzuweisungen und damit Angriffe und Vorwürfe zu vermeiden, gibt es eine einfache Möglichkeit. Sie fragen nicht nach dem Warum, sondern nach dem Wie.

Wenn Sie fragen: „Warum hat das nicht funktioniert?", werden Sie immer wieder gleiche Reaktionen erleben: „An mir lag es nicht …", „Was kann ich denn dafür, wenn der Kunde selbst nicht weiß, was er will?" Auf diese Frage reagieren Menschen mit Rechtfertigungen oder schieben die Verantwortung auf andere.

Fragen Sie deshalb nach dem Wie. Es ist in die Zukunft gerichtet und lenkt die Gedanken auf die Lösung. „Wie bringen wir das ganze zum Funktionieren?"

Auf diese Frage können alle Beteiligten ihre Ideen und Erfahrungen einbringen, ohne Schuldeingeständnisse machen zu müssen, ohne Angst, Schuld zugeschoben zu bekommen. Niemand fühlt sich gern schuldig. Verantwortung zu übernehmen ist wesentlich angenehmer.

Von verurteilenden zu wertschätzenden Formulierungen

Verurteilende Formulierungen sind Worte wie *immer, nie, schon wieder.* „Du hast schon wieder vergessen, mir Rückmeldung zu geben." Wieso kommst du immer zu spät?"

Diese Formulierungen, verknüpft mit der DU-Botschaft: „Du machst nie", „Du machst immer", werten die andere Person ab und greifen an.

Formulieren Sie daher wertschätzend. Übernehmen Sie die Verantwortung für Ihre Gefühle und schieben Sie sie nicht den anderen zu. Statt zu sagen: „Sie verärgern mich, wenn Sie den Beamer nach dem Meeting anlassen", übernehmen Sie die Verantwortung für Ihre Gefühle und sagen: „Ich ärgere mich, wenn Sie den Beamer nach dem Meeting anlassen, da das hohe Kosten verursacht. Bitte schalten Sie ihn nach dem Meeting ab."

Äußern Sie Ihre Bitten klar und eindeutig und für den anderen machbar, auch das ist eine Frage der Wertschätzung. Üben Sie, Ihre Bitten klar zu formulieren. Finden sie die folgenden Bitten klar?

Übung:

Welche der folgenden Formulierungen sind klar und eindeutig?

1. Ich hätte gerne, dass du mich öfter unterstützt.
2. Bitte hilf mir nach dem Abendessen beim Aufräumen in der Küche.
3. Ich hätte gerne, dass Sie mehr Engagement zeigen.
4. Bitte halte dich an die Geschwindigkeitsbegrenzungen.
5. Versteh mich doch bitte.

Lösungsvorschläge:

1. Eine unklare Bitte. Was heißt öfter, und in was unterstützen?

2. Eine klare Bitte und eine machbare Handlung.

3. Eine unklare Bitte. Was ist mehr, und Engagement in was? Eine klare Bitte würde benennen, was zu tun ist.

4. Eine klare Bitte und eine machbare Handlung.

5. Eine unklare Bitte. Was ist mit Verstehen gemeint? Verständnis oder verbales Verstehen, oder ist das eine Bitte um Unterstützung?

Wenn Sie andere so unklar bitten, wissen Sie oft selbst nicht, was Sie sich wünschen. Definieren Sie daher Ihre Wünsche genau, dann gelingt es Ihnen auch, klar zu bitten.

Nutzen Sie Gesprächsförderer

Signalisieren Sie Offenheit, Kompetenz und Verbindlichkeit durch:

- Ihre klare Körpersprache und Stimme,

- Ihr aktives Zuhören, das Inhalt und Gefühl erfasst,

- klare Nachrichten, indem Sie die Seiten im Nachrichten-Quadrat ansprechen, die für Ihre Nachricht wichtig sind,

- sinnvoll eingesetzte Fragen,
- das Aufgreifen und Weiterführen von Ideen und Gedanken,
- positive Formulierungen,
- das Ansprechen und Akzeptieren von Gefühlen und Interessen,
- das Herausarbeiten von Wünschen,
- das gemeinsame Erarbeiten von Lösungen,
- das Erfragen von Lösungen,
- das Zusammenfassen der Gesprächsergebnisse.

Wenn Sie so Gespräche führen, vermeiden Sie die im Folgenden behandelten Gesprächsfallen, die den Erfolg von Gesprächen verhindern.

Meiden Sie Gesprächsfallen

Sie vermeiden durch Ihre wertschätzende und offene Gesprächsführung, dass Sie:

- Befehle geben und dadurch Trotz auslösen,
- warnen, drohen oder erpressen und dadurch Druck ausüben,
- andere nicht ernst nehmen oder gar verspotten und dadurch verletzen,
- Vorwürfe machen und dadurch andere zu Rechtfertigungen nötigen,
- Gegenbehauptungen aufstellen und dadurch das Gespräch in die Sackgasse gerät,
- mit der Tür ins Haus fallen und andere überrennen,
- Wichtiges herunterspielen und andere sich nicht ernst genommen fühlen,
- überreden, statt zu überzeugen, und deshalb andere nicht zum Ergebnis stehen,
- von sich reden, statt zuzuhören, und deshalb andere nicht hören,
- bewerten, statt wahrzunehmen, und deshalb andere verurteilen,
- auf Vermutungen bauen, statt auf Tatsachen, und deshalb andere bloßstellen,
- mit Ihren Vorschlägen und Lösungen andere ausschließen und eine einvernehmliche Lösung verhindern.

Erkennen Sie Fallstricke

Trotz Ihrer positiven Gesprächsführung kann es sein, dass Ihre Gesprächspartner versuchen, Fallstricke auszulegen. Sie bringen Einwände, Angriffe, stellen provozierende Fragen und wollen Sie dadurch aufs Glatteis führen. Trainieren sie daher den Umgang mit Einwänden und Angriffen, damit Sie korrekt, höflich, ruhig und freundlich bleiben.

Entkräften Sie Einwände geschickt, lassen Sie Ihr Gegenüber auf jeden Fall ausreden, hören Sie aktiv zu, und nehmen Sie den Einwand ernst.

▨ Ist der Einwand auf die Sache bezogen, können Sie mit dem Raster „einerseits – andererseits – deshalb" anknüpfen und Ihre Argumentation erweitern oder wiederholen.

▨ Ist der Einwand auf die Beziehungsebene bezogen, können Sie mit Hilfe der Fragetechnik Wünsche und Bedürfnisse herausarbeiten.

▨ Ist Ihnen unklar, was Ihr Gegenüber mit dem Einwand sagen möchte, können Sie entweder mit Hilfe der offenen Frage herausfinden, worauf sich der Einwand bezieht, oder mit einer Bitte um eine genauere Erklärung die Sache auf den Punkt bringen.

▨ Beruht der Einwand auf einem möglichen Missverständnis, können Sie dieses mit Hilfe einer Bestätigungsfrage („Wenn ich Sie richtig verstanden habe …") bestätigen lassen und dann das Missverständnis aufklären.

▨ Müssen Sie erst Ihre Gedanken strukturieren, können Sie den Einwand als berechtigt oder nachvollziehbar aufgreifen. Fassen Sie ihn dann zusammen, ohne ihn zu bewerten, und versuchen Sie ihn in eine richtungweisende Frage zu verwandeln.

▨ Sollte Ihnen das nicht gelingen, oder Sie haben keine Antwort auf den Einwand, erzählen Sie nicht irgendetwas oder etwas Falsches. Verschieben Sie die Klärung des Punktes auf später, und lassen Sie den Punkt vorläufig offen. In schwierigen Situationen können Sie auch eine kurze Gesprächspause vorschlagen, um Zeit zum Nachdenken zu haben oder Informationen einzuholen. Eine einfache Variante ist zu sagen: „Mag sein …", und dann führen Sie Ihren Gedanken weiter. Es hilf Ihnen für den Moment, einen Einwand stehen zu lassen, sich nicht darauf zu versteifen. Lassen Sie Einwand auch mal Einwand sein, denn manchmal stimmen beiden Seiten.

Betrachten Sie Einwände als normal und positiv. Versuchen Sie sie als eine Bereicherung der Diskussion zu sehen. Wichtig ist, dass Sie dabei Ihr Ziel nicht aus den Augen verlieren. Behandeln Sie daher einen Einwand nicht länger als nötig.

Scheinbar schwieriger wird die Situation, wenn Sie angegriffen werden. Während bei einem sachlichen Einwand viele noch sehr gelassen reagieren können, ist die Reaktion bei einem Angriff oft sehr emotional. Entweder schlagen Sie zurück, oder Sie ziehen sich zurück und sagen gar nichts mehr. Beide Reaktionen sind für Sie wenig vorteilhaft. Bleiben Sie auch in solchen Situationen gelassen.

Interkulturelle Kompetenz

Lilli Wilken

Geheime Regeln beachten und unsichtbare Barrieren überwinden

Wer im Beruf erfolgreich sein will, benötigt infolge der Globalisierung vor allem interkulturelle Kompetenz. Der Umgang im internationalen Geschäftsverkehr bei unterschiedlichen Gelegenheiten erfordert spezifische Kenntnisse von Land und Leuten und auf einen Besuch sollte man sich immer gut vorbereiten.

Über den norwegischen Schriftsteller Knut Hamsun gibt es eine nette Anekdote: Als er von einem Paris-Aufenthalt zurückgekehrt war, fragte ihn ein Freund: „Sicher hatten Sie in der ersten Zeit Schwierigkeiten mit Ihrem Französisch?" – „Ich nicht", erwiderte der Schriftsteller, „aber die Franzosen".

Internationale Geschäftsfreunde haben sich zu einem Besuch angesagt. Um sie professionell zu empfangen, sollten Sie die Sitten und Gebräuche des jeweiligen Landes kennen, aus dem der Gast kommt. Es geht nicht darum, die Landessprache des Gastes perfekt zu beherrschen (ausgenommen das international gebräuchliche Englisch). Wenn Sie ein paar Sätze beherrschen, um den Gast in seiner Muttersprache zu begrüßen oder landestypische Gesten kennen, zeigt das Ihr Interesse am Menschen, das weit über das Geschäftliche hinausgeht.

Es gehört Gespür für die jeweilige Situation und die Menschen dazu, sich angemessen zu verhalten und dem Gast dadurch das Gefühl zu geben, willkommen zu sein. Ignoranz gegenüber kulturellen Eigenheiten ist ebenso fehl am Platze, wie übereifriges Anpassen. Ihre eigene Kultur und Identität müssen Sie nicht verstecken. Wer im Umgang mit Menschen der eigenen Nationalität schon über angemessene Umgangsformen verfügt, der wird auch im Kontakt mit ausländischen Gästen nicht anecken.

Europas Norden (Norwegen, Schweden, Dänemark, Finnland)

Im Norden Europas finden Sie Frauen in allen Positionen. Aufgrund der Gleichberechtigung werden sie ohne Vorbehalt akzeptiert. In den skandinavischen Ländern wird Wert auf hierarchischen Status gelegt. Man sollte den Geschäftspartner unbedingt mit seinem hierarchischen Titel (zum Beispiel Herr Direktor) ansprechen. Achten Sie unbedingt auf Pünktlichkeit und legen Sie keine Geschäftstermine aufs Wochenende oder nach Büroschluss gegen 16:00 Uhr. Berücksichtigen Sie, dass *Dänen* eine Mittagspause zwischen 11:30 und 14:30 Uhr halten.

Diskutiert wird überall ehrlich, sachlich und zielorientiert. Small Talk ist nicht unbedingt Sache der Skandinavier. Mit einer Einladung in die Sauna machen Sie finnischen Gästen eine große Freude. Bedenken Sie jedoch, dass der Saunabesuch streng nach Geschlechtern getrennt ist.

Westeuropa (Frankreich, Großbritannien, Irland)

In *Frankreich* werden Firmen häufig sehr autoritär geführt. Chefs delegieren kaum und Akademiker aus Eliteschulen und Großgrundbesitzer sitzen in den Führungsetagen. Sehr wichtig sind Titel und es wird Wert auf Beziehungen und Netzwerke gelegt. Pünktlichkeit wird von Deutschen erwartet, allerdings gilt das nicht für die französischen Geschäftspartner. Begrüßt wird mit kurzem Händedruck und wer sich besser kennt, küsst sich auf die Wangen, einmal links, einmal rechts (regional auch öfter).

Bei Tisch sind drei Gänge ein Muss. Baguette wird gebrochen und auf den Tisch gelegt, falls kein Extrateller vorhanden ist. Krümel stören nicht und Saucen dürfen mit dem Brot aufgetunkt werden.

Die Geschäftsgarderobe dunkel, elegant und formell. Franzosen wollen Ihre Geschäftspartner beim Essen besser kennen lernen. Warten Sie aber mit Geschäftsbesprechungen bis nach dem Essen.

Das Beherrschen der französischen Sprache wird erwartet. Punkten können sie mit Kenntnis über die Kultur der Franzosen. Gute Themen sind Essen und Wein aus Frankreich. Außerdem ist die Wahrung der Privatsphäre oberstes Gebot bei den Franzosen. Bei der Begrüßung und Verabschiedung oder einer Antwort mit „Ja" oder „Nein", gehört immer ein „Monsieur" oder „Madam" dazu.

In *Großbritannien* gelten Verhaltensformen, die von der Tradition geprägt sind. Mit vornehmer Zurückhaltung kommen Sie gut an: Understatement bringt Punkte. Achten Sie unbedingt auf die unterschiedliche regionale Herkunft und sprechen Sie nie von „dem Engländer", wenn Sie von Briten, Schotten oder Wallisern sprechen. Pünktlichkeit, Geduld und Höflichkeit sind genau wie gute Tischmanieren sehr wichtig. Im Umgang mit Briten begrüßt man sich nur beim Kennen lernen mit Handschlag. Umarmungen und „Küsschen, Küsschen" sind eher selten. Verwenden Sie reichlich „please" und „thank you" oder „sorry" und „excuse me".

Tabus: Fragen nach der Familie, das Thema Nordirland-Konflikt, mangelnde körperliche Distanz, lautstarkes Sprechen und extrovertiertes Verhalten. Fettnäpfchen lauern auch bei den Themen „Rinderwahnsinn" und „Königshaus". In Großbritannien gibt man sich emotionslos und beherrscht. Die Kleidung ist äußerst konservativ, besonders bei Frauen. Bei einer Abendeinladung sollten Sie keine Geschäftsthemen ansprechen.

Iren gelten als humorvoll und gastfreundlich doch bei den Themen Innenpolitik, das Verhältnis zu Großbritannien, Terrorismus und Nordirland-Konflikt hört der Spaß auf. Von Ihnen wird Pünktlichkeit erwartet, wenn auch die irischen Geschäftspartner selbst nicht immer pünktlich erscheinen.

Iren geben sich lockerer als Briten, zwanglose informelle Umgangsformen sind üblich. Im Geschäftlichen können sie auf hartnäckig verhandelnde Partner stoßen.

Südeuropa (Italien, Spanien, Portugal, Türkei)

Kleiden Sie sich korrekt und sehr elegant, auf modisch-stilvolle Garderobe legen besonders Norditaliener wert.

Die Familie spielt in *Italien* grundsätzlich eine große Rolle, deshalb ist es bei Geschäftsessen üblich, von der Familie zu erzählen. Es kommt gut an, wenn sie nach der Familie der Geschäftspartner fragen oder von ihrer eigenen berichten. Titel sind sehr beliebt. Tabus sind die Themen Innenpolitik, Südtirol-Problematik, Mafia und Korruption. Es ist nicht unhöflich den Redefluss Ihres italienischen Gastes zu unterbrechen. Halten Sie Ergebnisse bei Besprechungen immer schriftlich fest. Bei Tisch geht es auch im Restaurant sehr locker zu. Loben Sie die italienische Küche und zeigen Sie, wie wohl Sie sich fühlen und wie gut Sie sich amüsieren. Allerdings: Ein Schwips oder gar Trunkenheit hinterlassen einen sehr schlechten Eindruck.

Im *spanischen* Geschäftsleben gehen die Uhren anders als in Deutschland: Man beginnt um 9:30 Uhr, hält Mittagspause von 13:30 bis 15:30 Uhr und arbeitet dann bis 22:00 Uhr. Pünktlichkeit wird sehr großzügig ausgelegt. 15 bis 30 Minuten Verspätung sind üblich. Im Job ist man allerdings eher pünktlich. Effizienz, Zuverlässigkeit und direkte Kontakte werden von spanischen Geschäftspartnern geschätzt. Persönliche Beziehungen sind wichtig und Essenseinladungen wirken sich positiv auf die Geschäftsbeziehungen aus. Bei der Begrüßung ist der Handschlag üblich. Der Unterschied Fräulein/Frau Senorita/Senora besteht nach wie vor. Wie in Italien ist die Familie von großer Bedeutung und es gilt auch unter Geschäftspartnern als höfliche Geste, sich nach ihr zu erkundigen. Kritik an Stierkämpfen sollten sie vermeiden, ebenso Äußerungen über den Terrorismus.

In *Portugal* trägt man bei Geschäftsterminen korrekte dunkle Kleidung, bei Frauen sollten die Knie bedeckt sein. Auch bei 40 Grad im Schatten verzichten Geschäftsleute nicht auf ihr Jackett, das langärmlige Hemd und Krawatte. Termine pünktlich einzuhalten ist selbstverständlich. Geschäftsverhandlungen können sehr langwierig sein, nehmen sie sich dafür Zeit. Es kann auch ratsam sein, dafür einen Anwalt hinzuzuziehen. Tabu sollten Vergleiche zwischen Portugiesen und Spaniern sein.

Das äußere Erscheinungsbild spielt bei den *Türken* eine größere Rolle als bei den Deutschen. Türkische Geschäftsleute treten sehr korrekt mit Anzug und Krawatte oder einem eleganten Kostüm auf. Man legt sehr großen Wert auf die Einhaltung der Etikette. Dazu gehören auch Ehre, Professionalität und Zurückhaltung. Es braucht sehr viel Fingerspitzengefühl, denn

Türken sagen gerne alles durch die „Blume", das verlangt die Höflichkeit. Wenn Sie Bedauern ausdrücken möchten, legen Sie die rechte Hand aufs Herz. Machen Sie reichlich Komplimente und verwenden Sie das Wort „Bitte" sehr häufig.

Bei Mittagseinladungen trinken Türken selten Alkohol. Am Abend ist dieser jedoch erlaubt. Fürs Essen bringt man Zeit mit. Steht jemand auf, wartet man mit dem Essen, bis er wieder zurück ist. Essen Sie niemals mit der linken (unreinen) Hand. Putzen Sie die Nase nie lautstark. Bei Verhandlungen mit türkischen Geschäftspartnern sollten Sie Geduld und einen Dolmetscher mitbringen.

Mitteleuropa (Polen, Ungarn, Tschechen, Slowaken, Bulgaren)

Ordnen Sie diese Länder Mitteleuropa zu und nicht dem Osten!

Im geschäftlichen Umfeld ist ein Handschlag zur Begrüßung üblich. In *Polen* hat sich ansonsten der Handkuss und die elegante Verbeugung gehalten. Die Kleidung ist konservativ, wobei Frauen gerne ihre weibliche Seite betonen. Gastfreundschaft wird hochgehalten und Geschenke werden gerne gesehen, wobei häufig auch der Gast ein Geschenk bekommt.

Bulgaren sind begeisterungsfähig und lieben das Gespräch. Fixieren Sie möglichst Ergebnisse schriftlich. Kopfschütteln heißt „Ja" und Nicken „Nein".

Ein großer Fauxpas ist es, die Tschechische Republik mit „Tschechei" zu betiteln. Unbedingt an die offizielle Länderbezeichnung halten oder alternativ „Tschechien" sagen. Mit einer vornehmen, zurückhaltenden Art werden Sie sich eher Freunde machen, da die Tschechen Deutsche häufig plump und überheblich finden.

Es begab sich einmal vor einiger Zeit, da wurden Manager aus aller Welt aufgefordert, eine Geschichte über Elefanten zu schreiben. Man wollte herausfinden, wie die verschieden geprägten Manager ihre Projekte angehen:

▸ Der Franzose lieferte ein zehnseitiges Essay ab mit dem Titel: „Der Elefant und die Liebe".
▸ Der Amerikaner schrieb eine taschenbuchgroße Zusammenfassung darüber, wie man „schnelle Arbeitselefanten züchtet und sie besser verkauft". Um sein Werk benutzerfreundlich zu gestalten, nahm er es auch als Hörbuch auf Kassette auf.
▸ Als der Deutsche an die Reihe kam, um seine Geschichte vorzustellen, legte er seinen ersten Rohentwurf von 300 Seiten vor, den er wie folgt betitelte: „Die soziodynamische Natur und die fundamentale psychologische Konstitution des Elefanten: Band 1: Der Burmesische Zeremonieelefant, Kapitel 1: Von Karl dem Großen bis zur Neuzeit".

Aus: „Geschäftlich erfolgreich in den USA" von Eugene Rembor

USA und Kanada

Pünktlichkeit, diszipliniertes, sehr freundliches Verhalten und Höflichkeit sind im amerikanischen und kanadischen Geschäftsleben wichtige Tugenden. Besonders gegenüber Frauen erwartet man, dass bestimmte Höflichkeitsformen eingehalten werden. Vermeiden sollten Männer intensiven Blickkontakt, Blicke auf den Körper und selbst Komplimente gegenüber Geschäftspartnerinnen: In den *USA* kann das schon als sexuelle Belästigung gelten. Geschlechtsspezifische Diskriminierungen und Bemerkungen über Rassen, Alter oder Herkunft sind absolute Don'ts, Männer und Frauen erwarten absolute Gleichbehandlung. Themen wie Innenpolitik, Religion oder Patriotismus sollten Sie nicht ansprechen.

Amerikaner kommen schnell aufs Geschäftliche zu sprechen und führen ergebnisorientierte Diskussionen, frei nach dem Motto „Time is money". Ziehen Sie bei Verhandlungen immer einen erfahrenen Anwalt hinzu. Die Geschäftsgarderobe ist für Männer unbedingt ein dunkelgrauer oder blauer Anzug, immer mit Krawatte. Je höher die Position, umso formeller ist die Kleidung. Frauen sollten Business-Kostüme tragen, lange, enge Hosen sind im Geschäftsleben unüblich und nackte und unrasierte Beine verpönt.

Auch wenn es nach außen oft anders aussieht, Rangfolgen nicht immer klar erkennbar sind und die Umgangsformen eher leger wirken, herrscht in den USA strenges Hierarchiedenken. „Please, call me Bob" heißt noch lange nicht, dass jemand geduzt werden will. „Im Amerikanischen existieren ein „Du-You" und ein „Sie-You", und selbst wenn die erste Form gemeint ist, besteht kein Anlass zur Entspannung. Amerikaner klingen locker und sind im Business knallhart!" so Eugene Rembor in „Geschäftlich erfolgreich in den USA". Titel in der Anrede sind hingegen nicht so wichtig. Begrüßung mit Handschlag eher unüblich. Visitenkarten werden nur bei Bedarf ausgetauscht.

Amerikaner sind besessen von einer Sache, die sie als „Richtig" erkannt haben und entwickeln missionarischen Eifer, andere zu überzeugen. Präsentationen sind ihnen heilig. Sie lieben Charts und machen oft aus einem Vortrag eine Show. Wer seine Zuhörer mit endlosen Zahlenkolonnen langweilt, läuft Gefahr, kurzerhand gestoppt zu werden. Amerikaner sind nicht an Problemen interessiert, sondern an Lösungen. Klatsch und Tratsch sind für Amerikaner tabu. Wer Gerüchte streut gilt als teamschädigend und illoyal. Mobiltelefone heißen in USA auf keinen Fall „Handy" sondern „Mobile". Handy ist der Ausdruck für eine unanständige Handlung.

„Wir sollten uns mal zum Mittagessen treffen" ist keineswegs verbindlich gemeint sondern nur ein freundlicher Kommentar. Eine verbindliche Verabredung erkennen wir an ganz konkreten Angaben: „Kommen Sie doch am Samstag vorbei. Wir geben ein kleines BBQ".

Small Talk ist ein Begriff aus den USA, der bei uns nicht sehr beliebt ist. Dabei ist Small Talk nur ein „kleines Gespräch". Der große Unterschied zu USA ist: Wer zu schnell Privates preisgibt, bringt den Frager in Verlegenheit, denn er wird sich schuldig fühlen, überhaupt gefragt zu haben. Darum: Small Talk ja, aber bitte keine Details.

Ähnlich wie in den USA herrscht auch im *kanadischen* Geschäftsleben eine strenge Kleiderordnung: Männer tragen immer dunkle Anzüge mit Krawatte und nie Kombinationen, für Frauen sind Hosen tabu. Unterlassen sie Gleichsetzungen mit den USA und Diskussionen über die Sprach- und innenpolitischen Probleme mit dem französisch sprechenden Quebec. Als unhöflich gilt es, sich bei Tisch die Nase zu putzen.

Tipp:

Wenn Sie bei einem amerikanischen Vorgesetzten einen Fehler machen, reißt Ihnen dieser nicht den Kopf ab. Wohl aber bei Verschleierung von Fehlleistungen. Wer seinen amerikanischen Chef nicht sofort und umfassend über ein Missgeschick informiert, braucht am nächsten Tag nicht mehr zu erscheinen. Wenn Sie Fehler eingestehen, kriegen Sie auf jeden Fall eine neue Chance. Denn: Nur wer nichts tut, macht keine Fehler!!!

Südamerika

Der Einfluss der europäischen Vorfahren ist in *Südamerika* recht deutlich. Es wird auf die korrekte Anrede geachtet und akademische Titel gehören unbedingt zum Namen. Pünktlichkeit bei Privateinladungen wird nicht erwartet; im Job sollten Sie jedoch höchstens 15 Minuten zu spät kommen. Im Kontakt mit Deutschen bemüht sich auch der Südamerikaner pünktlich zu sein. Geduld ist die größte Herausforderung im Geschäftsleben. Integrieren Sie in Meetings gutes Essen und Trinken um einen guten Verlauf zu garantieren. Drei ist die magische Zahl. Erst beim dritten Gang oder dritten Drink werden die aktuellen Themen besprochen. Eine Sitte ist es, ein paar Tropfen Wein auf den Boden zu gießen: Das ist für „Pachamama" – die Mutter Erde.

Die Kleidung in Südamerika ist chic, elegant und gepflegt. Internationaler Standard ist angesagt. Achten sie auf hochglanzpolierte Schuhe!

Asien

Die wirkliche Verständnisbarriere zwischen Asiaten und Westlern ist einerseits die Sprache, aber die kann man lernen. Die eigentliche Ursache des Nichtverstehens ist die unterschiedliche Denkweise. „Sein Gesicht nicht zu verlieren" gilt in asiatischen Ländern als wichtige Regel. Man gibt nicht zu, etwas nicht zu wissen oder nicht zu wollen. Offene Konfrontation wird vermieden. Ein „Nein" ist in *Asien* unbekannt und auch wenn Sie sich auf Englisch verständigen, muss „Ja" keine verbindliche Zusage sein. Es gehört ein bisschen Kunst dazu herauszufinden, was das Gegenüber wirklich meint. Wer als Europäer Verhandlungen vor allem mit Chinesen führt, bemerkt sehr schnell, dass immer wieder die „Freundschaft" angesprochen wird. Chinesen werden in ihrer Heimat hoch angesehen, wenn sie einen „Freund" im Westen haben. In dieser Hinsicht nutzt man das Wort Freundschaft als Prestigegewinn. Dazu ein Beispiel, das Chin-Ning Chu in ihrem Buch „China Knigge für Manager" schreibt:

> *„Mr. Jones hatte monatelang einen chinesischen Geschäftsmann umworben, der landwirtschaftliche Erzeugnisse im Wert von mehreren Millionen Dollar einkaufen wollte. Aus mehreren Gründen glaubte Mr. Jones gegenüber seinem Hauptkonkurrenten, einem Makler aus dem Mittleren Westen, in der günstigeren Ausgangsposition zu sein. Zwischen Mr. Jones und dem chinesischen Käufer entwickelte sich ein enger, persönlicher Kontakt und man war bereits handelseinig, als der Chinese um eine Gefälligkeit bat. Er wollte, dass sein Sohn ein Jahr in den Vereinigten Staaten studiere, und erkundigte sich, ob der Junge bei Mr. Jones wohnen könne. Mr. Jones entgegnete, leider sei in seinem Haus nicht genügend Platz, um den Jungen bequem unterzubringen, daher müsse er die Bitte ablehnen. Kurze Zeit danach schloss sein chinesischer Kunde den Vertrag mit seinem Konkurrenten aus dem mittleren Westen ab, der – nicht zufällig – in seinem Haus ein Gästezimmer hatte, in der er den Sohn des Kunden unterbringen konnte. Letztlich hat also Mr. Jones fehlende Bereitschaft, die mit einer Freundschaft verbundene Pflichten auf sich zu nehmen, ihn um ein Geschäft im Wert von über zehn Millionen Dollar gebracht."*

Im Geschäftsleben sind Visitenkarten sehr wichtig, sie sollten zweisprachig sein und mit beiden Händen übergeben und entgegengenommen werden. Begrüßt wird mit einer leichten Verbeugung. Händeschütteln ist nicht üblich, wird aber oft – den Europäern zuliebe – mit weichem Händedruck praktiziert. Gastgeschenke erleichtern geschäftliche Verbindungen. Wenn Sie Gäste aus Asien haben, halten Sie immer Geschenke bereit. Es gibt zwei Kategorien von Geschenken: Zur ersten gehören Artikel, die deshalb ausgewählt werden, weil sie in irgendeiner Verbindung zu Ihnen und Ihrem Unternehmen stehen. Es können auch Gegenstände aus Ihrer Region oder Ihrer Stadt sein. Die zweite Kategorie sind Prestigeartikel. Je nach Auftragsvolumen können das hochwertige Dinge, wie beispielsweise ein Schreibset von Cartier oder Tiffany oder ausgewählte Designer-Accessoires sein. Je höher der Wert eines Geschenkes, umso größer das Ansehen des Beschenkten. Zum angemessenen Verhalten gehört es, höflich, pünktlich und geduldig zu sein. Die Geschäftsgarderobe ist konservativ. Übereinander geschlagene Beine werden nicht gerne gesehen und absolut tabu ist das Präsentieren der Schuhsohlen. Ebenso zeigt Schnäuzen in ein Taschentuch und das Wiedereinstecken des benutzten Taschentuchs von höchst schlechten Manieren.

In *China* gehören Schwarz und Weiß zu den Trauerfarben und sind deshalb auf Geschäftsveranstaltungen unpassend. In Japan, China und Korea ist Rot die Farbe des Glücks und alles Guten. Bei einem Geschäftsbesuch von asiatischen Gästen dekorieren Sie den Besuchertisch in Rot und ziehen Sie etwas Rotes an. Finden Geschäftsessen abends statt, dauern diese selten länger als 21 Uhr – und nach dem Essen verabschiedet man sich sofort. Vergessen Sie nicht, eine Gegeneinladung auszusprechen. Großzügige Bewirtung und Gastfreundschaft ist ein Muss.

„Haben Sie Ihren Reis schon gegessen?" ist die gebräuchliche Begrüßungsformel in Asien zur Essenszeit. Essen ist die wichtigste Voraussetzung, um einen guten Tag zu haben und ein gutes Leben zu leben. Asiaten essen leidenschaftlich gern und sie tun das nicht nur mit allen Sinnen, sondern mit „Verstand". Speisen sollen Genuss sein und dienen der Gesundheit und Lebensverlängerung, sie gehören zum Lebensglück. „Der Himmel liebt den Mann, der gut isst!" sagt ein altes chinesisches Sprichwort. Vor und nach dem Essen wird Tee getrunken.

Tipp:

Halten Sie für chinesische Gäste stets grünen Tee bereit. Dieser sollte nicht aus dem Teebeutel sein, sondern aus losen Blättern bestehen, die mit 80 Grad heißem Wasser übergossen werden. Servieren Sie diesen Tee in hohen Gläsern oder Tassen und bieten Sie heißes Wasser zum Nachgießen an.

Beim Essen wird immer mindestens ein Gericht mehr aufgetischt, als Gäste eingeladen sind. Schlürfen und Schmatzen ist für Chinesen erlaubt und wer kein Anstandshäppchen auf dem Teller lässt, bekommt permanent nachgelegt. Asiaten essen mit Stäbchen. In *Korea* sind diese aus Edelstahl. Die Schale mit dem Reis wird zum Mund geführt und nicht umgekehrt. Nach dem Essen werden die Stäbchen auf die Ablage oder auf den Tisch gelegt, aber nie parallel nebeneinander über das Schälchen. Stecken Sie die Stäbchen nie in den Reis und lassen Sie sie möglichst nicht auf den Boden fallen, denn das bringt Unglück. Nie mit dem Stäbchenende, das sie in den Mund stecken, von gemeinsamen Platten nehmen. Sprechen mit vollem Mund ist nicht tabu und häufig werden nach dem Essen die Zähne mit einem Zahnstocher gereinigt. Wundern Sie sich nicht, wenn dabei noch mit einem Getränk gegurgelt wird. Milch und Zucker wird automatisch in den Kaffee geschüttet, das heißt, ohne den Gast zu fragen. Wenn Koreaner einen Drink aus dem eigenen schon benutzten Glas anbieten, so ist das ein Zeichen von Vertrauen und Freundschaft. Auch schenkt man sich gegenseitig das Glas voll, niemals sich alleine. Chinesen legen häufig Knochen und ungewünschtes Essen direkt neben den Teller auf den Tisch. Der Gast bekommt von allen vorbereiteten Speisen stets die besten Stücke. Nach dem Essen erfolgt der Aufbruch schnell und abrupt. Danach geht man gerne in eine Bar, besonders gerne in eine Karaoke-Bar.

Hierarchien sind sehr wichtig, sodass nur gleichrangige Personen miteinander verhandeln dürfen. Große Bedeutung haben Vertrauen und freundschaftlicher Kontakt zu Geschäftspartnern. Das Zauberwort heißt „Guanxi" = Beziehungen. Deshalb unterhält man sich bei Geschäftsessen vor dem Geschäftlichen über Persönliches. Tabu sind kritische, laute Äußerungen über das Stören der Privatsphäre.

Chinesische Namen bestehen aus dem zuerst genannten Nachnamen und dem folgenden Vornamen.

Ungeschriebene Gesetze bestimmen das Leben der *Japaner*. Frauen spielen im Geschäftsleben keine große Rolle, in der Gesellschaft hingegen schon. Echte Gleichberechtigung werden Sie nicht finden und als Frau kann es Ihnen passieren, von Männern ignoriert zu werden. Stark verankert ist Gemeinschaftsdenken, das sich besonders in der Firmenkultur widerspiegelt. Geschäftlichen Verabredungen sollten immer auch private Einladungen folgen. Geschenke sind sehr wichtig, wobei auf Qualität und ausgewählte Verpackung Wert gelegt wird. CDs mit deutschen Komponisten oder schöne Bierkrüge sind gern gesehene Geschenke. Überreichen Sie das Geschenk bescheiden („nur eine Kleinigkeit") mit beiden Händen. Im Restaurant übernimmt der Gastgeber die Bestellung. Trinksprüche müssen erwidert werden und die Rechnung bezahlt derjenige, der als Erster nach ihr verlangt. Pünktliches Erscheinen zu verabredeten Terminen muss sein. Sie kurzfristig abzusagen gilt als unhöflich – und einen Anwalt zu Verhandlungen mitzubringen, als misstrauische Geste. Falls es dennoch unumgänglich ist, erklären Sie, dass der Anwalt nur mitgekommen sei, um den Geist des erarbeiteten Vertrages korrekt ins den juristischen Jargon zu übersetzen. Als Beleidigung fassen es Japaner auf, wenn sie ihnen den Rücken zudrehen oder die Fußsohlen entgegenstrecken. Älteren Menschen zollt man in Japan grundsätzlich Respekt. Eine wohlerzogene Person, die ihre Achtung vor der fremden Kultur bekundet, wird auch dann, wenn sie sich gelegentlich einen „Schnitzer" leistet, wohlwollender angenommen, als der „Asien-Experte", dessen Selbstsicherheit an Arroganz grenzt.

Tipp:

Wenn Sie für einen japanischen Gast ein Zimmer buchen, achten Sie darauf, ein Zimmer mit Bad und Badewanne zu bestellen. Die höchste Form der Entspannung für Japaner ist das Wannenbad. Es dient nicht der Reinigung, denn die wird vorher unter der Dusche absolviert.

Indien ist stark vom Kastensystem geprägt und die Hierarchien sind sehr starr. Man wird sich immer nur innerhalb seines Ranges bewegen. Eine nette Unterhaltung mit einem Portier beispielsweise, kann zu einem rapiden Imageverlust führen.

Bieten Sie einem Hindu kein Rindfleisch und einem Moslem kein Schweinefleisch an. Vegetarische Gerichte sind eine gute Alternative. Seien Sie auch vorsichtig mit Alkohol. Viele Inder trinken keinen Alkohol.

Kleiden Sie sich korrekt. Tabu ist das Verhältnis Indiens zu Pakistan und China. Frauen wird nicht die Hand geschüttelt. Die linke Hand ist tabu; Füße gelten als unrein. Lernen Sie die vielfältigen Kopfbewegungen: Nicht jedes Kopfschütteln bedeutet „Nein". Es könnte auch ein „Ja" oder „Vielleicht" sein.

Naher Osten und arabische Staaten

Mündlichen Zusagen misst man eine große Bedeutung bei, weshalb sie auch eingehalten werden sollten. Man ist in Geschäftsverhandlungen immer auf einen Ausgleich bedacht und daher sollten europäische Geschäftspartner eine gewisse Flexibilität zeigen. Die Kleidung ist formell, die Begrüßung erfolgt unter Männern mit Handschlag. Zurückhaltung ist für Frauen auf jeden Fall angesagt. Auch eine Businessfrau sollte nicht jedem Mann die Hand geben. Wenn Sie Zeit und Geduld mitbringen und Ihre international geprobten Umgangsformen, werden Sie überall willkommen sein. Man erwartet Respekt von Ihnen, wird Ihnen aber mit ausgesuchter Höflichkeit begegnen.

Alkohol ist für Moslems tabu – bedenken Sie das bei Ihren Veranstaltungen. Servieren Sie niemals lauwarmen Tee. „Man muss sich am Glas die Finger verbrennen können, sonst taugt er nichts." Sorgen Sie dafür, dass der Zuckervorrat nie zur Neige geht. Vor und nach dem Essen werden die Hände gewaschen.

Wochentage haben ein anderes Gewicht. Der Donnerstag entspricht unserem Samstag, der Freitag dem Sonntag. Bedenken Sie bei Ihrer Terminplanung, dass diese beiden Tage arbeitsfrei sind.

Russland

Signalisieren Sie Interesse an Kultur und Leuten und Ihre Bereitschaft sich an Gepflogenheiten anzupassen, indem Sie sich die wichtigsten Redewendungen in Russisch aneignen. Verhandlungen ziehen sich oft hin und Pläne werden aufgeschoben, da eine gewisse Vorsicht herrscht. Treten Sie selbstbewusst aber zurückhaltend auf, drängeln Sie nicht und vermeiden Sie Arroganz. Geschäftliche Besprechungen finden üblicherweise nicht bei einem Mittag- oder Abendessen statt, sondern im offiziellen Rahmen, auch wenn intensive Geschäftsbeziehungen oft einen privaten Anstrich erhalten und dabei persönliche Beziehungen entstehen können.

Zum Essen wird reichlich aufgetischt und solange Sie Ihren Teller leer essen, wird immer nachgelegt. Oft wird auch zu Beginn des Essens ein Glas „versehentlich" vom Gastgeber umgeworfen, damit der Gast sich nicht unwohl fühlt, falls ihm ein Missgeschick passiert. Lernen Sie einen Trinkspruch. *Russen* lieben Trinksprüche und Sie müssen diese erwidern. Es wird „auf ex" getrunken und wer nicht mitmacht, gilt als unhöflich.

Der persönliche Kontakt und die persönliche Bindung ist von nicht zu unterschätzender Bedeutung und kann auch den Umgang mit Behörden erleichtern. Zu geschäftlichen Besprechungen wird von Ihnen Überpünktlichkeit erwartet.

Kleiden Sie sich korrekt und konservativ. Die Begrüßung erfolgt üblicherweise mit Handschlag. Akademische Grade werden im Sprachgebrauch nicht verwendet; und seien Sie nicht brüskiert, wenn Sie nur mit Ihrem Nachnamen und ohne ein vorangestelltes Frau oder Herr angesprochen werden – dies liegt in der russischen Sitte, den Gesprächspartner mit Vornamen und Vatersnamen anzusprechen, begründet.

Andere Kulturen schätzen

Anpassung, Verständnis, Toleranz und Einfühlungsvermögen sind die Schlüssel zum Umgang mit ausländischen Gästen.

Verstehen, dass beispielsweise das direkte und sachorientierte Vorgehen in Geschäftsangelegenheiten, wie es in einigen europäischen Ländern und in den USA sehr hoch geschätzt wird, eine Brüskierung für Ihre asiatischen Geschäftspartner darstellen. Hier handelt es sich nicht um eine Schwäche oder einem Unvermögen, sondern um eine vollkommen andere Denkweise. Je mehr Sie über eine fremde Kultur wissen, desto erfolgreicher wird die Kommunikation sein.

Aber alle Kenntnisse werden nicht genügen, um ein Gelingen der interkulturellen Kommunikation zu erreichen. Das erfordert Sensibilität gegenüber dem Fremden, die Sie nur durch Aufmerksamkeit und Geduld erlangen. Und alle Handlungen und Äußerungen, egal wem gegenüber, sollten von einem getragen sein – von Respekt!

Gleiches gilt für Geschäftsessen, wenn ungewohnte Speisen serviert werden. Probieren ist Pflicht, um den Gastgeber (wenn sie eingeladen sind) nicht zu enttäuschen.

Bedenken Sie beim Kontakt mit Ihren Gästen, wen und welche Kultur Sie vor sich haben. Setzen Sie sich mit dem Land, aus dem Ihr Gast kommt, auseinander. Ziehen Sie angemessene Garderobe an! Denken Sie daran, ein dezentes Kostüm mit einem nicht zu kurzen Rock in einer gedeckten Farbe wird weltweit akzeptiert.

Wenn Sie einen Restaurantbesuch planen, wählen Sie ein Restaurant, in dem auf Vorlieben und Einschränkungen Ihrer Gäste eingegangen wird. In verschiedenen Religionen existieren Speisevorschriften, oder die Gäste sind möglicherweise Vegetarier, vielleicht leidet jemand unter einer bestimmten Lebensmittelallergie. All das sollten sie – wenn möglich – vorab mit ihnen klären.

Tipps:

1. Bereiten Sie sich auf den Gast intensiv vor. Lernen Sie Sitten und Gebräuche kennen.
2. Begegnen Sie anderen Kulturen mit Respekt.
3. Sprechen Sie langsam und deutlich und achten Sie auf Ihre Körpersprache. Was bei uns lässig oder freundlich sein mag, kann in anderen Kulturen beleidigend sein.
4. Treten Sie niemandem zu nahe. Achten Sie auf die nötigen Distanzzonen und warten Sie, dass man Ihnen die Hand reicht.

Teil II

Management-Support

Projektmanagement

Margit Gätjens

So managen Sie Projekte professionell und zielorientiert

Immer häufiger arbeiten Sekretärinnen und Assistentinnen in Projektgruppen mit oder leiten sogar eigene Projekte. Wir vermitteln Ihnen in diesem Artikel wichtiges Grundlagenwissen rund um das Projektmanagement. Von den wesentlichen Charakteristika eines Projekts, über die Projektidee und den unterschiedlichen Phasen bis zum erfolgreichen Projektabschluss.

Projektdefinition

Der Begriff Projekt leitet sich ab aus dem lateinischen „proiectum": „Das nach vorn Geworfene". Zunächst einmal ist ein Projekt also ein Entwurf, ein Plan, ein Vorhaben. Typisch für „richtige" Projekte ist, dass es sich dabei immer um etwas Neues, Innovatives handelt, das es in dieser Form bisher noch nicht gibt. Wer also dieselbe Veranstaltung Jahr für Jahr immer wieder auf dieselbe Weise organisiert, hat es nicht mehr mit einem Projekt zu tun, sondern einfach mit einer komplexen Aufgabe, deren Ziel und Weg bekannt und bereits erprobt sind.

Projektziele beinhalten also immer das Erreichen eines neuartigen Zustandes – einer Innovation oder Verbesserung: zum Beispiel ein neues Gebäude, eine neue EDV-Konfiguration, ein neues Verfahren zur Herstellung eines Produktes oder ein neues Produkt selbst, auch eine neue Teamkultur, ein besseres Qualifikationsniveau für Mitarbeiter durch Schulungen oder ein anderes Kantinenkonzept mit leistungsförderndem Essen.

Zeitlicher Rahmen

Weiterhin typisch für Projekte ist, dass sie – zumindest bei professioneller Durchführung – zeitlich begrenzt sind. Anfang und Ende werden von vornherein definiert. Wenn der Erfolg des Projektes – und oft auch des gesamten Unternehmens – zum Beispiel davon abhängt, dass der Kunde sein Flugzeug zum vereinbarten Termin ausgeliefert bekommt (weil er ab diesem Zeitpunkt damit Geld verdienen will) oder eine Zertifizierung erreicht ist (weil sonst der große Auftrag nicht rechtzeitig hereinkommt), sind Verzögerungen äußerst gefährlich. Kein Wunder, dass in vielen Unternehmen in den Wochen vor dem Projektendtermin die ganze Nacht über das Licht brennt!

Ressourcenplanung

Da bei Projekten immer eine Art Neuland betreten wird, gibt es viele unbekannte Größen – schließlich kann man nicht auf Erfahrungen zurückgreifen. Unter Ressourcen ist alles zu verstehen, was quasi Arbeit im Projekt verrichtet, also in erster Linie Menschen und Maschinen. Die Planung der Projektressourcen ist also eine kniffelige Sache: Welche Arten von Mitarbeitern werden benötigt? Wie lange werden sie für die Projektaufgaben brauchen? Je innovativer und neuartiger das Projekt, desto mehr wird man die benötigten Ressourcen schätzen müssen – und diese Schätzungen sollten natürlich so realistisch wie möglich ausfallen, da sie die Basis für die Kostenplanung sind. Außerdem sind die Ressourcen bei Projekten in der Regel – genau wie die Zeit – begrenzt.

Komplexität

Komplexität ist ein weiteres typisches Merkmal von Projekten. Der Begriff Komplexität bedeutet, dass in einem System (zum Beispiel dem Projekt) viele verschiedenartige Elemente durch viele, verschiedenartige Beziehungen miteinander verknüpft sind, sodass es schwierig, wenn nicht unmöglich ist, vorherzusagen, wie das System oder einzelne Elemente auf Veränderungen reagieren.

So setzen sich Projektteams oft aus Mitarbeitern zusammen, die aus verschiedenen Fachgebieten (interdisziplinär) und/oder Hierarchieebenen stammen beziehungsweise auch als externe Fachleute hinzugezogen werden.

So wird zum Beispiel der Bau oder die Erweiterung eines Flughafens die Erarbeitung eines umfangreichen Zielsystems mit Gesamt- und verknüpften Teilzielen erforderlich machen und auch von der Planung und Durchführung der einzelnen Aufgaben und ihrer logischen und zeitlichen Verknüpfung ganz andere Anforderungen stellen, als zum Beispiel der Bau eines Einfamilienhauses. Je höher die Komplexität, desto schwieriger wird es natürlich, diese zu kalkulieren.

Know-how-Zuwachs

Ein letztes wichtiges Merkmal für Projekte ist, dass während der Projektarbeit oft explosionsartig neues Know-how entsteht. Immer mehr Unternehmen erkennen, dass das Wissen ihrer Mitarbeiter ein ganz wesentliches Potenzial darstellt, mit dem sie im Wettbewerb die Nase vorn haben können – wenn sie es schaffen, dieses Wissen transparent und nutzbar zu machen.

In Projekten besteht die große Gefahr, dass wichtiges Wissen nach dem Projektende verloren geht. Die Herausforderung in Projekten besteht daher darin, schon vom Projektstart an neues Wissen zu identifizieren und zu sichern.

Definition Projekt

„Ein Projekt ist ein zeitlich begrenztes Vorhaben zur Schaffung eines einmaligen Produktes oder einer Dienstleistung." Diese Definition stammt aus dem *Project Management Body of Knowledge* (*PMBOK*), dem führenden internationalen Standard für Projektmanagement.

Typisch an Projekten ist:

- die Einmaligkeit und der innovative Charakter

- die Zielorientierung

- die zeitliche Begrenzung

- die Notwendigkeit und Schwierigkeit der Ressourcenschätzung

- das hohe, oft schwer kalkulierbare Risiko

- die heterogene Zusammensetzung des Projektteams

- die Gefahr des Know-how-Verlustes nach Projektabschluss

Checkliste zur Feststellung, ob ein Projekt vorliegt

(Fragen bitte ausführlich beantworten)

- ▸ Welche Ziele sollen mit dem Projekt erreicht werden?
- ▸ Was ist an dem Vorhaben innovativ?
- ▸ Gibt es eine zeitliche Begrenzung? (Anfang/Ende)
- ▸ Ist eine Schätzung des Aufwandes (Ressourcen) notwendig oder ist dieser bereits bekannt?
- ▸ Wer arbeitet an diesem Projekt mit? (Komplexe Zusammensetzung der Beteiligten/Betroffenen)
- ▸ Wie wird das Risiko eingeschätzt?
- ▸ Welche Art von neuem Know-how wird das Projekt mit sich bringen?

Projektgliederung nach Phasen

Was Projekte oft so unvorhersehbar macht ist, dass keines einem anderen gleicht. Unterschiedliche Rahmenbedingungen, Zielvorgaben oder unterschiedliche Zusammensetzungen der Projektteams machen jedes Projekt einzigartig. Trotzdem gibt es bei allen Projekten notwendige Gemeinsamkeiten, zum Beispiel die Einteilung in Abschnitte oder Projektphasen. Diese Strukturierung gibt den Weg vor von der ersten Idee bis zur Erfüllung des Projektauftrags.

Phase 1 – Vorphase

In der Vorphase – auch Vorstudie oder Kurzanalyse genannt – wird geklärt, ob das Projekt als solches Sinn macht, also ob es:

- die richtige Lösungsidee für das zugrunde liegende Problem enthält,

- machbar, also realisierbar – zum Beispiel in Hinblick auf technische Voraussetzungen oder Finanzierbarkeit – ist,

- wirklich neuen Nutzen bringt, also zum Beispiel einen Prozess verbessert, beschleunigt, Kosten senkt oder durch Innovation den Umsatz steigern kann,

- wirtschaftlich durchführbar ist, also Aussichten hat, sich zu rechnen.

Außerdem wird das Projektziel so genau, wie jetzt schon möglich, definiert und mit dem Auftraggeber abgestimmt. Nach erfolgreicher Präsentation der Vorstudie und Konsens über das Projektziel erteilt der Auftraggeber den Projektplanungsauftrag.

Phase 2 – Projektplanung

Ziel der Projektplanungsphase ist es, alle Aufgaben und Aktivitäten zu erkennen, die notwendig sind, um das Projektziel zu erreichen und sie in geeigneter Form darzustellen sowie den zeitlichen und finanziellen Aufwand hierfür realistisch einzuschätzen.

Die Planungsphase dient also dazu, dass folgende Fragen beantwortet werden können:

- Welche Aufgaben und einzelnen Aktivitäten sind erforderlich, um das Projektziel zu erreichen? (Die ermittelten Aufgaben und Aktivitäten lassen sich optisch am übersichtlichsten in einer hierarchischen Baumstruktur darstellen, die als Projektstrukturplan bezeichnet wird.)

- Wie lange dauert jede einzelne Aktivität beziehungsweise wie lange darf sie dauern?

- Welche Ressourcen sind dafür erforderlich? Was kosten diese Ressourcen?

- Wann kann die Aktivität frühestens beginnen?

Nachdem die zeitliche Verknüpfung der Aktivitäten untereinander definiert, also festgelegt wurde, wann ein Arbeitsschritt frühestens starten kann, kann daraus nun ein Projektablaufplan in Form einer Liste erstellt werden.

In jedem Projekt spielt auch das Informationsmanagement eine große Rolle:

- Wer muss wann von wem in welcher Form worüber informiert werden?

- Wie können notwendige Informationen am effizientesten beschafft und dann auch verwaltet werden, sodass wichtiges Know-how gesichert wird und allen Berechtigten schnell und vollständig zur Verfügung steht?

- Wie wird sichergestellt, dass alle am Projekt Beteiligten effizient miteinander arbeiten?

- Wie kann vermieden werden, dass Widerstände und Risiken im Projekt gar nicht oder zu spät erkannt werden und damit den Projekterfolg gefährden?

Diese Fragen werden durch die Organisationsplanung für das Berichtswesen und die Dokumentation im Projekt geklärt.

Die Durchführung einer Risikoanalyse oder – bei entsprechend komplexen und riskanten Projekten – die Einrichtung eines professionellen Risikomanagements – ist ebenfalls eine wichtige Aufgabe in der Planungsphase.

Nachdem alle Pläne fertig gestellt sind, steht der geplante Projektendtermin fest, der sich aus der geschätzten Dauer der Aktivitäten sowie den geplanten Ressourcen ergibt. Ebenfalls sind die geschätzten Gesamtkosten für das Projekt bekannt. Ist der Auftraggeber damit einverstanden, vergibt er nun den Projektauftrag.

Ist er mit dem Endtermin nicht einverstanden, so kann überlegt werden, wo welche Kapazitäten erhöht werden können, um das Projektziel früher zu erreichen. Der zukünftige Projektleiter kann all diese Änderungen besprechen und aufgrund der Planung die jeweiligen Folgen aufzeigen. So weiß jeder Partner, worauf er sich einlässt.

Phase 3: Projektsteuerung – Realisierungsphase

Nach Erteilung des Projektauftrages beginnt die eigentliche Durchführung des Projektes. In dieser Realisierungsphase heißt Projektmanagement im Wesentlichen steuern. Steuern bedeutet, dafür zu sorgen, dass die Planung umgesetzt wird, dass also zum Beispiel Arbeitsschritte an die Verantwortlichen delegiert und die zeit-, kosten- und qualitätsgerechte Durchführung überwacht sowie die Ergebnisse geprüft werden. Steuern heißt vor allem auch Projektcontrolling, also Soll-Ist-Abweichungen möglichst verhindern, aber mindestens rechtzeitig erkennen, sodass geeignete Gegensteuerungsmaßnahmen möglich sind und die Erreichung des Projektzieles nicht gefährdet wird.

Phase 4: Projektabschluss

Die letzte Phase ist der Projektabschluss mit Zielerreichungskontrolle, Entlastung der Projektleitung sowie Evaluierung, also Überprüfung des Projektnutzens und Bewertung des Projekterfolges. Auch die abschließende Dokumentation sowie die Ermittlung des Knowhow-Extraktes für eine Weiterverwendung, eventuell im Wissensmanagement des Unternehmens, gehört in diese Phase.

Projektideen formulieren und präsentieren

Viele gute Projektideen scheitern schon in der Frühphase an einem kleinen Detail: Die Betroffenen – das können Kunden, Mitarbeiter in anderen Abteilungen oder auch Kollegen in der eigenen Abteilung sein – werden zu spät oder unzureichend über das Vorhaben und mögliche Veränderungen informiert. Die Folge: Sie fühlen sich übergangen, mauern, und das Projekt geht baden. Daher ist es unabdingbar, dass Sie als Projektinitiatorin oder auch als Projektleiterin alle Beteiligten frühzeitig informieren und ins Boot holen. Der vorzeitige Informationsaustausch mit anderen ist auch deshalb von Bedeutung, weil Sie so schon vor dem eigentlichen Start etwaige Risiken oder Schwachstellen in Ihrem Projektvorschlag identifizieren können. Auch die Macht der Bedenkenträger dürfen Sie nicht unterschätzen. Schenken Sie ihren Einwänden nicht vor dem Start aufmerksam Gehör, können sie ganz schön viel Sand ins Projektgetriebe streuen.

Um andere von Ihrer Idee zu überzeugen, ist es wichtig, dass Sie ihnen den Nutzen für jeden Einzelnen darlegen. Spart das Unternehmen Geld? Werden Prozesse einfacher oder transparenter? Bringt es Arbeitsentlastung? Das sind zum Beispiel Überlegungen, die Sie in der Präsentation Ihrer Projektidee unbedingt hervorheben müssen. Jeder, der in der einen oder anderen Form in ein Projekt involviert ist, wird fragen: „Und was bringt mir das?"

So holen Sie die Entscheider ins Boot

Die wichtigste Zielgruppe für die Präsentation Ihrer Projektidee ist naturgemäß Ihr Vorgesetzter oder Ihr Unternehmen, da er bzw. es die finanziellen Mittel oder auch den Zeitfreiraum für die Durchführung des Projekts gewähren muss.

Kommt die Idee vom Kunden oder Auftraggeber selbst, muss sie diesem natürlich nicht mehr vorgestellt werden. Anders ist es, wenn für eine gute Idee erst ein Projektauftraggeber gefunden oder gewonnen werden muss. So können Mitarbeiter, die gute Ideen zur Verbesserung ihrer Arbeitsprozesse haben, oft nicht selbst entscheiden, dass diese umgesetzt werden. Sie benötigen dazu einen offiziellen Auftrag. Geeignete Formulare oder Checklisten stellen sicher, dass wichtige Fragen, die zur Bewertung und Entscheidung über die Umsetzung der Idee notwendig sind, beantwortet werden.

Je nach Bedeutung und Komplexität der Idee kann es ausreichen, ein Formular auszufüllen und dieses an das betriebliche Vorschlagswesen zu schicken. Oder es ist tatsächlich eine Präsentation vor einem Entscheidungsgremium erforderlich. Diese sollte entscheidungsrelevante Informationen enthalten und dramaturgisch geschickt aufgebaut sein – zum Beispiel nach folgender Checkliste:

- Was ist die Idee?
  Stellen Sie Ihre Projektidee kurz und verständlich in wenigen Sätzen vor.

- Wie sieht der Ist-Zustand aus?
  Beschreiben Sie kurz das Problem, das Sie mit Ihrer Idee lösen wollen.

- Wie sieht der Soll-Zustand aus?
  Erklären Sie, wie es sein wird, wenn die Idee umgesetzt ist und wem dies auf welche Weise nutzt.

- Welche Maßnahmen sind erforderlich?
  Umreißen Sie, wer welche Schritte tun muss, um zum Soll-Zustand zu gelangen.

- Wie rechnet sich Ihr Projekt?
  Zeigen Sie auf, dass der Projektnutzen größer als der Projektaufwand sein wird.

- Welche Risiken enthält Ihr Projekt?
  Sprechen Sie die bereits erkennbaren Risiken an und zeigen Sie Möglichkeiten zur Vermeidung beziehungsweise Gegenmaßnahmen auf.

- Warum sind Sie überzeugt?
  Fassen Sie kurz und motivierend zusammen, warum Sie von Ihrem Projekt überzeugt sind.

Da es sich bei dieser ersten Präsentation lediglich um die Vorstellung der Idee handelt, spielen Details noch keine Rolle. Es geht in erster Linie darum, die entscheidenden Parteien davon zu überzeugen, dass es sich lohnt, die Idee weiterzuverfolgen und einen Auftrag zur Durchführung der Vorstudie zu geben.

Die wichtigsten Fixpunkte

1. Klare Definition des Projektvorhabens: Worum geht es?

2. Ausgangssituation darlegen: Was ist das Problem?

3. Verbesserung aufzeigen: Was wird durch das Projekt optimiert?

4. Auftraggeber definieren: Wer ist der Ansprechpartner, der über die Projektfortschritte informiert werden muss?

5. Soll-Zustand skizzieren: Welches Ziel soll mit dem Projekt erreicht werden?

6. Beschleunigungen aufzeigen: Welche Zeitersparnis bringt das Projekt?

7. Projektleiter/in definieren: Wer ist für das Projekt als Leiter verantwortlich?

8. Risiken aufzeigen: Welche Faktoren könnten den Erfolg des Projekts verhindern?

9. Kostenreduzierung aufzeigen: Wie viel Geld kann das Unternehmen durch das Projekt sparen?

10. Team definieren: Wer sollte am Projekt mitarbeiten?

11. Wirtschaftlichkeit darlegen: Wann rechnet sich das Projekt?

12. Nutzen aufzeigen: Wer profitiert außer dem Unternehmen selbst noch von der erfolgreichen Durchführung?

Tipp:

Auch wenn es Ihre Projektidee ist – und Sie noch so überzeugt von dem Nutzen und der Sinnhaftigkeit Ihrer Idee sind – seien Sie offen und suchen Sie den Meinungsaustausch mit kompetenten Kollegen.

Vom Problem zum Projekt

Kein Berufsalltag ohne Schwierigkeiten, ob arbeitstechnisch oder zwischenmenschlich. So kommen Sie Problemen systematisch auf den Grund und finden so fast automatisch zu einer Lösung.

Problembeschreibung

Die Analyse der Ausgangssituation und ihrer Problematik beginnt mit einer genauen Beschreibung. Dabei helfen zum Beispiel die folgenden Fragen:

- Was genau ist das Problem?

- Wer ist daran beteiligt, wer davon betroffen?

- Seit wann gibt es das Problem?

- Wann und wie oft tritt es auf?

- Wo tritt es auf?

Wichtig ist, das Problem exakt, eindeutig und unmissverständlich zu beschreiben. Alle Beteiligten – vor allem auch der Auftraggeber – sollten die gleiche Problemwahrnehmung entwickeln.

Vor allem sollte man darauf achten, dass als Problembeschreibung nicht etwa eine „verkappte" Lösung herauskommt. Wer zum Beispiel sagt: „Mein Problem ist, dass ich nicht die richtige Software besitze", liegt mit seiner Problembeschreibung falsch. Die „richtige Software" ist ein Mittel zur Lösung eines Problems, wie zum Beispiel einer umständlichen und daher zu aufwändigen Zeiterfassung. Wer über seine Arbeit quasi Buch führen muss – jeder, der in verschiedenen Projekten arbeitet, kennt dieses Problem – braucht sicher ziemlich viel Zeit, wenn er handschriftliche Stundenzettel führt, die dann hinterher noch vielleicht in Excel-Listen eingegeben werden müssen. Das Problem ist also der Zeitaufwand. Eine Spezialsoftware zur Zeiterfassung könnte dagegen eine mögliche Lösung sein. Um sich jedoch nicht bereits in der Problemanalyse auf eine spezifische Lösung festzulegen (möglicherweise gibt es ja noch viel bessere Möglichkeiten), muss darauf geachtet werden, wirklich zuerst das Problem zu beschreiben.

Hilfreich bei der Problembeschreibung sind auch Quantifizierungen, zum Beispiel Höhe des tatsächlichen Zeitaufwandes, den das Problem verursacht oder Häufigkeit von Fehlern, Menge des Ausschusses oder der Mehrfacharbeiten.

Oft reichen aber Stichproben und daraus abgeleitete Hochrechnungen aus, um herauszufinden, ob das Problem tatsächlich groß genug ist, ein Projekt auszulösen, das ja immerhin auch Kosten verursacht und sich nur rechnet, wenn der problematische Aufwand der Ist-Situation in Zukunft entfällt oder zumindest reduziert wird.

Zufriedenheitsskala

Sicher lässt sich jedoch nicht jede Problematik in Zahlen ausdrücken – zum Beispiel wenn es um individuelle menschliche Probleme geht. Unzufriedenheit kann schlecht objektiv gemessen werden. Da es aber hauptsächlich darum geht, den problematischen Ist-Zustand bewerten zu können, helfen hier auch exakte Situationsbeschreibungen, die später mit der erreichten Soll-Situation verglichen werden können.

So kann zum Beispiel eine *Mitarbeiter-Zufriedenheitsskala* etwa nach dem Schulnotensystem helfen, durch subjektive Einschätzungen der Mitarbeiter herauszufinden, wie viele sich jeweils vor und nach dem Projekt in welchem Bereich dieser Skala sehen.

Nachdem die problematische Ausgangssituation erkannt und beschrieben ist, wird überlegt, wozu es führen könnte, wenn das Projekt nicht durchgeführt wird. Gefragt wird also nach den Auswirkungen oder Konsequenzen bei Verzicht auf das Projekt. Wichtig ist hierbei, nicht zu früh mit dem Nachdenken aufzuhören. Was würde zum Beispiel passieren, wenn man sich nicht um die Unzufriedenheit von Mitarbeitern kümmert? Die erste direkt anzunehmende Auswirkung wäre wohl, dass die Unzufriedenheit stiege und auch andere, bisher noch zufriedene Mitarbeiter anstecken würde. Und was passiert dann? Die Reaktionen auf Unzufriedenheit können sehr unterschiedlich sein – innere oder tatsächliche Kündigung, Streik, Änderungsvorschläge von Seiten der Mitarbeiter, Zeitverluste durch sehr viel Kommunikation zu diesem Thema und so weiter. Auf diese Weise wird schnell deutlich, welche Priorität das Projekt im Vergleich mit anderen anstehenden Projekten hat; so wird die Entscheidung für oder gegen das Projekt erleichtert.

ABC-Analyse

Sind mehrere Auswirkungsketten erkennbar, macht es Sinn, sie zu gewichten – zum Beispiel mit einer ABC-Analyse. Welche Auswirkungen wären die schlimmsten, welche könnte man gegebenenfalls vernachlässigen? Diese Priorisierung schärft den Blick für das, was mit dem Projekt unbedingt erreicht werden muss.

Nun kommt die wichtigste Frage innerhalb der Problemanalyse: Wie ist es überhaupt zu dem Problem gekommen, wer oder was hat es verursacht? Geforscht wird also jetzt nach den Ursachen. Und genau wie beim Unkrautjäten kommt es auch hier darauf an, möglichst alle Wurzeln und ihre Verästelungen untereinander zu erkennen, sodass sie komplett beseitigt werden können.

Ist das Problem sehr komplex, wird es viele Ursachenketten aufweisen, sodass auch hier wieder – wie bei den Auswirkungen – eine Priorisierung Sinn machen kann. So wird sichergestellt, dass mit Hilfe des Projektes zumindest die Hauptwurzeln des Übels eliminiert werden.

Wie bei den Auswirkungen muss auch bei den Ursachen konsequent bis an den Ursprung des Problems zurückgedacht werden. Hört man zu früh damit auf, kann das zu falschen Lösungsansätzen führen. Ein einfaches Beispiel hierzu.

Gesetzt den Fall, Mitarbeiter beklagen sich, dass sie zu viel Zeit für Kopierarbeiten aufwenden, dann könnte die Nachforschung folgende Ursachen ergeben:

- die Wege zu den Kopiergeräten sind zu lang,
- es gibt zu wenige Kopiergeräte,
- die Geräte sind häufig defekt,
- es wird zu viel Unnötiges kopiert und so weiter.

Nehmen wir an, die Hauptursache wäre, dass die Geräte häufig defekt sind. Wer jetzt aufhört, genau nachzufragen, warum das der Fall ist (also die Ursache der Ursache), würde vielleicht auf den Gedanken kommen, neue Geräte zu beschaffen oder die Wartung zu verbessern, weil angenommen wird, dass die Geräte eben nicht mehr ganz neu und funktionsfähig sind. Sind die häufig auftretenden Störungen und Defekte jedoch auf Bedienungsfehler zurückzuführen, dann würden neue Geräte kaum etwas nützen, da deren Bedienung wahrscheinlich technisch noch mehr Know-how erfordert, das den Mitarbeitern schon in Bezug auf die vorhandenen Geräte fehlt. Vielleicht sind die Bedienungsfehler jedoch gar nicht auf fehlendes Know-how, sondern eher auf Bequemlichkeit zurückzuführen. Wer unter Zeitdruck steht, glaubt womöglich, nicht die Zeit zu haben, ausgerechnet jetzt einen Papierstau zu beseitigen und verdrückt sich lieber unauffällig.

Die A-B-C-Analyse

Die A-B-C-Analyse hilft, potenzielle Risiken zu identifizieren und zu bewerten. Effektiv und erfolgreich arbeiten bedeutet, sich auf das Wesentliche zu konzentrieren und Prioritäten zu setzen. Die A-B-C-Analyse ist ein professionelles Hilfsmittel zur Bewertung potenzieller Risiken und deren Einfluss auf den weiteren Projektverlauf. Die prinzipielle Vorgehensweise läuft nach folgendem Schema ab:

▸ Zusammenstellung der Aufgaben, Positionen, Aktivitäten etc.
▸ Bewertung nach einem Maßstab direkter Wertigkeit (z. B. Kosten)
▸ Bewertung nach einem Maßstab strategischer Wertigkeit (z. B. Bedeutung für den Projekterfolg, beispielsweise 1 (niedrig) bis 4 (hoch))
▸ Multiplikation der Wertigkeiten
▸ Bildung einer Rangreihe
▸ Kategorisierung der Items nach ABC
  – die ersten 15 Prozent haben die Priorität A
  – die zweiten 25 Prozent haben die Priorität B
  – die restlichen 60 Prozent haben die Priorität C

Hier ein Beispiel: Die Risiken in dem Projekt „Entwicklung einer neuen Software" umfassen Zeitüberschreitung, Kostenüberschreitung, Gewährleistung, Implementierung.

Die Risikoabschätzung durch das Team bringt folgendes Ergebnis:

Risikoart	Schaden	Wertigkeit	Kosten
Zeitüberschreitung	5.000	2	10.000
Implementierung	1.000	3	3.000
Kostenüberschreitung	10.000	4	40.000
Gewährleistung	7.000	1	7.000

Daraus ergibt sich folgende Rangliste:

Risikoart	Wertigkeit	Beitrag zum Gesamtrisiko
Kostenüberschreitung	40.000	66 %
Zeitüberschreitung	10.000	17 %
Gewährleistung	7.000	13 %
Implementierung	3.000	4 %

Das A-Risiko ist die Kostenüberschreitung mit 66 Prozent, die B- und C-Risiken sind Zeitüberschreitung und Gewährleistung.

Klarheit führt zu Lösungen

Dieses simple Beispiel aus dem Büroalltag zeigt, dass es gefährlich ist, sich in der Ursachenforschung nur auf Vermutungen zu stützen oder nicht konsequent genug nachzuforschen. Besser sind exakte Untersuchungen, die Klarheit bringen. Eine professionelle Ursachenforschung enthält im Prinzip schon die Lösung oder zeigt zumindest auf, wo sie ansetzen muss.

Risikoanalyse

Risiko analysieren, Lösungen finden

Bereits im Stadium einer Vorstudie lassen sich Gefahren und Risiken für ein Projekt erkennen: Je eher Widerstände, Blockaden oder sogar technische „K. o.-Kriterien" bekannt sind, desto besser. Mit einer realistischen Risikobetrachtung gleich zu Beginn wäre so manches Projekt gar nicht erst gestartet worden. Besonders bei Organisationsprojekten würden die Betroffenen meist viel früher informiert und eingebunden, als das in der Praxis häufig der Fall ist. Rechtzeitiges Nachdenken kann Arbeit, Geld und Enttäuschung ersparen.

Wie kann eine Risiko-Abschätzung in der Vorstudie durchgeführt werden? Nachdem Ziel und Nutzen definiert sind, listet man auf, was die Zielerreichung blockieren oder verhindern könnte. Kreatives Denken im Rahmen eines Brainstormings ist gefragt. Um Betriebsblindheit auszuschließen, können ein oder mehrere nicht am Projekt beteiligte Mitarbeiter bei diesem Brainstorming mitwirken. So wird von innen und von außen auf das Projekt geschaut.

Risikoabschätzung

Je nachdem wie viele Widerstände oder sonstige Risiken bereits in der Vorphase identifiziert werden, sollten sie – zum Beispiel mit einer A-B-C-Analyse – gewichtet werden. Danach hätten zum Beispiel 20 Prozent der Risiken die höchste anzunehmende Wahrscheinlichkeit, verbunden mit der größten Auswirkung für das Projekt. Die weitere Planung muss diese Risiken auf jeden Fall berücksichtigen und durch entsprechende Präventivmaßnahmen zu verhindern suchen.

Machbarkeit

Bereits in der Vorstudie sollte geklärt werden, welche Lösungsvarianten in Frage kommen und finanzierbar sind. Wenn die technische und wirtschaftliche Machbarkeit überprüft und bestätigt wurde, wird eine Variante gewählt.

Ursachenforschung

Bei wissenschaftlichen Projekten ergibt eine Vorstudie womöglich, dass ein bestimmtes Produktionsverfahren zu teuer ist (Problem) und auf Dauer der Gewinn sinken wird (Auswirkungen), wenn nichts dagegen unternommen wird. Die Ermittlung von Lösung und Weg kann je nach Komplexität aber auch Bestandteil des Projektes selbst werden. Stellt man durch die Ursachenforschung fest, dass bestimmte Zusammenhänge gar nicht als gesichertes Wissen vorliegen, muss vielleicht erst eine Grundlagenforschung betrieben werden, mit der ermittelt werden kann, ob überhaupt die Chance besteht, günstigere Produktionsverfahren zu entwickeln.

Zieldefinition

Damit wird auch klar, dass das Projektziel *Kostensenkung in der Produktion* heißen muss und nicht etwa *Entwicklung eines günstigeren Produktionsverfahrens*, was ja eine Lösung wäre, zu der es möglicherweise Alternativen gibt. Denn fehlen die Möglichkeiten oder Erfolgsaussichten bei der Grundlagenforschung, könnte man ja vielleicht woanders produzieren lassen oder sogar das Produkt als solches ändern.

Strategisch vorgehen

Man kann also nicht grundsätzlich abgrenzen, ob die Entwicklung von Lösungen und Wegen zum Ziel bereits in die Vorstudie gehört oder in eine spätere Projektphase – es hängt ganz vom jeweiligen Projekt ab. Man muss sich also fragen, was jeweils sinnvoll ist. Bisweilen ist es auch einfach politisch unklug, bereits in der Vorstudie die Katze aus dem Sack zu lassen und Lösungen, die einem vorschweben, bereits in dieser Phase zu präsentieren. Wie bei der ersten Projektidee besteht dann die Gefahr, dass alles zerredet wird, bevor man überhaupt richtig angefangen hat.

Zeitmanagement

Die Zeitleiste fest im Blick

Während aus dem Projektplan hervorgeht, welche Aufgaben zum Ziel führen, zeigt der Projektablaufplan, in welcher Reihenfolge sie erledigt werden müssen. Es geht also um die zeitliche Anordnung der Arbeitsschritte, die natürlich die gegenseitigen Abhängigkeiten berücksichtigen muss.

Statt in einer Baumstruktur werden die Projektschritte mit ihren Voraussetzungen in numerischer Reihenfolge aufgelistet (siehe Abb. 1).

Projektablaufplan für den „Turmbau"

Nummer	Arbeitspaket (Vorgang)	Voraussetzungen (Vorgang)
1	Planung	
1.1	Teambildung	-
1.2	Aufgabe analysieren	1.1
1.3	Anforderungsprofil definieren	1.2
1.4	Entwürfe machen	1.3
1.5	Bewerten und auswählen	1.4
1.6	Materialbedarf auflisten	1.5
2	Bau	
2.1	Material einkaufen	1.6
2.2	Turm bauen	2.1
2.3	Statik testen	2.2
3	Kontrolle	
3.1	Höhe messen	2.3
3.2	Kosten pro cm feststellen	3.1
3.3	Dokumentation erstellen	1.1
3.4	Turm abnehmen	3.2

Abbildung 1: *Projektablaufplan für ein Projekt mit dem Namen Turmbau*

Übersicht mit Software-Einsatz

Bei größeren und vor allem sehr großen Projekten mit vielen Arbeitsschritten ist es so gut wie unmöglich, bereits in der Projektstruktur die genaue zeitliche Reihenfolge zu berücksichtigen und darzustellen. Denn hier entspricht die geforderte logische Gliederung nicht immer der chronologischen Reihenfolge. Um bei der Erarbeitung des Projektablaufplanes und der daran anknüpfenden Zeit-, Ressourcen-, Kapazitäts- und Kostenplanung nicht den Überblick zu verlieren, macht es Sinn, streng systematisch vorzugehen und zunächst jeden Arbeitsschritt, eventuell noch zerlegt in seine einzelnen Aktivitäten, in die Projektablaufliste zu übertragen und dabei jeweils den oder die Vorgänger sowie eine eventuell vorhandene Zeitabstandsbeziehung zu übertragen.

Rein technisch könnte das problemlos mit einer dreispaltigen Excel-Datei geschehen. Diese kann auch Schritt für Schritt mit weiteren Spalten ergänzt werden – zum Beispiel für die Dauer der Arbeitsschritte und für die zeitliche Darstellung in einem Balkenterminplan. Allerdings ist diese Vorgehensweise – im Vergleich mit der Nutzung einer professionellen Projektplanungssoftware – doch ziemlich arbeitsaufwändig und wird mit zunehmender Anzahl der Arbeitsschritte immer schwieriger, da vieles manuell erledigt werden muss, was ein professionelles Programm automatisch ausführt (zum Beispiel Terminbalken zeichnen). Auch wird die Übersicht mit steigender Anzahl immer schwieriger.

Empfehlenswert ist es daher, ab der Erstellung des Projektablaufplanes mit einer professionellen Software zu arbeiten. Für die Beispiele wird MS-Project verwendet, eine Software, die sich gut für die Planung und Steuerung kleiner und mittlerer Projekte einsetzen lässt. Der erste Schritt ist, die Informationen des Projektstrukturplanes unter *Vorgänge* einzugeben und die jeweiligen Vorgänger einzutragen (siehe Abb. 2).

Beispiel Projektablaufplan: Aufgaben, Arbeitspakete, Vorgänge und Vorgänger

Nr.	ⓘ	Vorgangsname	Vorgänger
1		**1 Projektmanagement**	
2		**1.1 Vorphase**	
3		**1.1.1 Projektidee präsentieren,genehmigen**	
4		1.1.1.1 Präsentation vorbereiten	
5		1.1.1.2 Präsentation durchführen, genehmigen lassen	4
6		1.1.2 Vorstudie durchführen, präsentieren, genehmigen	12
7		**1.2 Teambildung**	
8		1.2.1 Team zusammenstellen	5
9		**1.2.2 Kick-off-meeting durchführen**	**8**
10		1.2.2.1 Vorbereiten	8
11		1.2.2.2 Durchführen	10
12		1.2.3 Teamentwicklungsaktivitäten durchf.	11
13		**1.3 Projektplanung**	
14		1.3.1 Projektstrukturplan entwickeln	6
15		1.3.2 Arbeitspakete beschreiben	14
16		1.3.3 Projektablaufplan erstellen	15
17		1.3.4 Termin-/Meilensteinplan erstellen	16
18		1.3.5 Ressourcen-/Kapazitätsplan erstellen	17
19		1.3.6 Kostenplan erstellen	18
20		1.3.7 Risikoanalyse durchführen	19
21		1.3.8 Berichtswesen installieren	20
22		1.3.9 Dokumentation aufbauen	21
23		**1.4 Projektsteuerung**	
24		1.4.1 Ist-Daten erfassen	33
25		1.4.2 Soll/Ist-Abweichung analysieren	24
26		1.4.3 Gegensteuern	25
27		1.4.4 Berichtswesen führen	26
28		1.4.5 Dokumentieren	27
29		1.5 Projektplanung präsentieren und Projektauftrag erteilen lassei	22
30			

Abbildung 2:   *Projektablaufplan (PAP) „Turmbau" in MS-Project*

Terminplan

Sobald der Projektablaufplan fertig ist, kann der Terminplan erstellt werden. Dazu ist mindestens erforderlich die

▪ Definition des Kalenders,

▪ Eingabe der Dauer jedes einzelnen Vorgangs sowie die

▪ Festlegung eines Start- oder Endtermins.

Zunächst muss definiert werden, mit welcher Art Kalender gearbeitet wird. Standardmäßig ist bei MS-Project ein Kalender mit vierzig Stunden Wochenarbeitszeit – jeweils von 8:00 bis 17:00 Uhr – und zwanzig Arbeitstagen pro Monat eingestellt. Dieser Kalender kann beliebig verändert und den Unternehmenserfordernissen angepasst werden.

Auch wenn Sie nicht mit einem professionellen Planungsprogramm arbeiten, macht es Sinn, eine solche Kalenderdefinition festzulegen, damit klar ist, wie viel Arbeitszeit pro personeller Ressource maximal pro Tag zur Verfügung steht.

Wenn nichts anderes eingegeben wird, nimmt das Programm automatisch den Termin der ersten Dateneingabe als Projektstarttermin an. Soll das Projekt zu einem anderen Termin starten, wird dieser als *Anfangstermin* eingegeben. Aus der Dauer und den Verknüpfungsbeziehungen der einzelnen Arbeitsschritte ergibt sich dann schließlich der Endtermin. Würde man den Endtermin quasi als *Deadline* angeben, ergäbe sich aus der Rückwärtsrechnung, wann das Projekt spätestens beginnen müsste. (Sollte dabei vorgestern herauskommen, bleibt nur die Möglichkeit, durch Kapazitätserhöhung oder Verringerung von Pufferzeiten Zeit einzusparen.)

Die Dauer der einzelnen Vorgänge wurde bereits, abhängig von den verfügbaren Ressourcen, definiert. Sie kann nun in geeigneten Zeiteinheiten (Minuten, Stunden, Tage etc.) eingegeben werden. Verwendet man MS-Project, wird die jeweilige Dauer sofort durch einen Balken in entsprechender Länge visualisiert. Sie erhalten also einen Balkenterminplan, auch Gantt-Chart genannt.

Da die Verknüpfung der einzelnen Vorgänge bereits in der Spalte *Vorgang* eingetragen wurde, werden die Balken – im Standard-Layout – gleich durch entsprechende Pfeile verbunden. Besteht eine Aufgabe aus mehreren Vorgängen, wird jeweils die Dauer der einzelnen Schritte bei der Aufgabe aufsummiert und erscheint als schwarzer Balken.

Da in dem Turmbeispiel der Schritt *Dokumentation* unter der letzten Aufgabe *Abschluss* steht und das Dokumentieren gleich nach dem Schritt *Teambildung* beginnt, zieht sich der schwarze Rollup-Balken der letzten Aufgabe fast über die gesamte Projektdauer (siehe Abb. 3).

Meilensteine

Ist der Balkenterminplan fertig gestellt, können Meilensteine eingefügt werden. Sie markieren die Erreichung wichtiger Teilschritte auf dem Weg zum Projektziel. Ein Meilenstein ist also kein Vorgang, sondern der Zeitpunkt, an dem ein bestimmtes Ergebnis erreicht oder ein bestimmtes Ereignis eingetreten ist.

Deshalb muss zunächst eine Ereignisliste erstellt werden, in der genau definiert wird, welcher Meilenstein welches Ereignis enthält und wann es eintreten soll. Da Meilensteine wichtige Eckpunkte im Projekt markieren, an denen genau festgestellt werden kann, ob bestimmte Zwischenergebnisse wie geplant vorliegen, nennt man sie auch Review oder Gateway. Mit Erreichen eines Meilensteins kann dann einerseits überprüft werden, ob der bisherige Plan erreicht wurde, und anschließend entschieden werden, ob wie geplant weitergemacht wird oder ob nachgebessert, geändert, wiederholt oder das Projekt sogar abgebrochen werden muss. Typischerweise fallen daher in der Regel Meilensteintermine und Berichtstermine zum Projektstatus zusammen (siehe Abbildung 4).

Ereignislisten

Aus der Ereignisliste können die Meilensteine in den Projektablauf- oder Terminplan eingegeben werden, und zwar genau wie ein Vorgang, allerdings mit der Dauer „0". Sie werden im Standardlayout des Balkenterminplanes dann als schwarze Raute dargestellt.

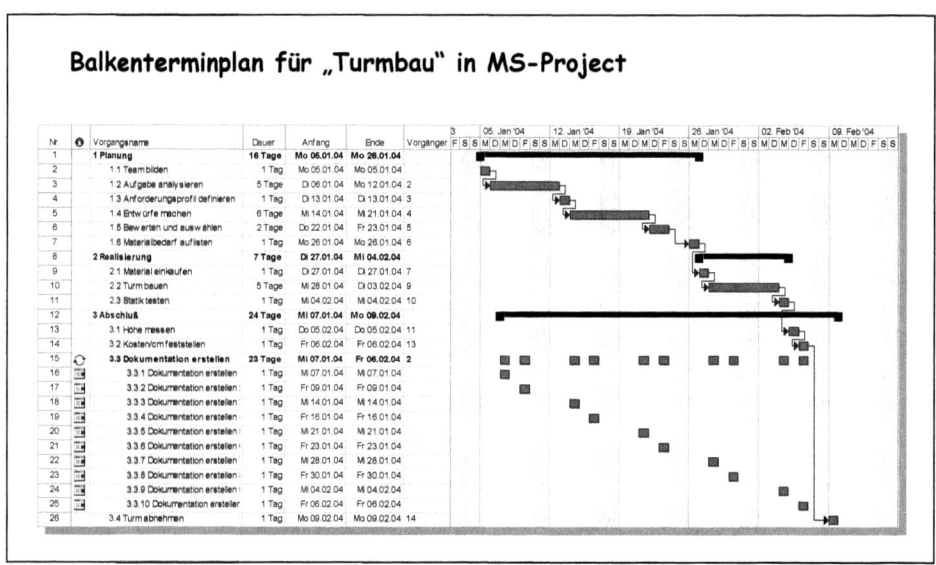

Balkenterminplan für „Turmbau" in MS-Project

Nr	❶	Vorgangsname	Dauer	Anfang	Ende	Vorgänger
1		**1 Planung**	**16 Tage**	**Mo 05.01.04**	**Mo 26.01.04**	
2		1.1 Team bilden	1 Tag	Mo 05.01.04	Mo 05.01.04	
3		1.2 Aufgabe analysieren	5 Tage	Di 06.01.04	Mo 12.01.04	2
4		1.3 Anforderungsprofil definieren	1 Tag	Di 13.01.04	Di 13.01.04	3
5		1.4 Entwürfe machen	6 Tage	Mi 14.01.04	Mi 21.01.04	4
6		1.5 Bewerten und auswählen	2 Tage	Do 22.01.04	Fr 23.01.04	5
7		1.6 Materialbedarf auflisten	1 Tag	Mo 26.01.04	Mo 26.01.04	6
8		**2 Realisierung**	**7 Tage**	**Di 27.01.04**	**Mi 04.02.04**	
9		2.1 Material einkaufen	1 Tag	Di 27.01.04	Di 27.01.04	7
10		2.2 Turm bauen	5 Tage	Mi 28.01.04	Di 03.02.04	9
11		2.3 Statik testen	1 Tag	Mi 04.02.04	Mi 04.02.04	10
12		**3 Abschluß**	**24 Tage**	**Mi 07.01.04**	**Mo 09.02.04**	
13		3.1 Höhe messen	1 Tag	Do 05.02.04	Do 05.02.04	
14		3.2 Kosten/vm feststellen	1 Tag	Fr 06.02.04	Fr 06.02.04	13
15	◷	**3.3 Dokumentation erstellen**	**23 Tage**	**Mi 07.01.04**	**Fr 06.02.04**	**2**
16	▦	3.3.1 Dokumentation erstellen	1 Tag	Mi 07.01.04	Mi 07.01.04	
17	▦	3.3.2 Dokumentation erstellen	1 Tag	Fr 09.01.04	Fr 09.01.04	
18	▦	3.3.3 Dokumentation erstellen	1 Tag	Mi 14.01.04	Mi 14.01.04	
19	▦	3.3.4 Dokumentation erstellen	1 Tag	Fr 16.01.04	Fr 16.01.04	
20	▦	3.3.5 Dokumentation erstellen	1 Tag	Mi 21.01.04	Mi 21.01.04	
21	▦	3.3.6 Dokumentation erstellen	1 Tag	Fr 23.01.04	Fr 23.01.04	
22	▦	3.3.7 Dokumentation erstellen	1 Tag	Mi 28.01.04	Mi 28.01.04	
23	▦	3.3.8 Dokumentation erstellen	1 Tag	Fr 30.01.04	Fr 30.01.04	
24	▦	3.3.9 Dokumentation erstellen	1 Tag	Mi 04.02.04	Mi 04.02.04	
25	▦	3.3.10 Dokumentation erstellen	1 Tag	Fr 06.02.04	Fr 06.02.04	
26		3.4 Turm abnehmen	1 Tag	Mo 09.02.04	Mo 09.02.04	14

Abbildung 3:   *Der Balkenterminplan (auch „Gantt-Chart" genannt) visualisiert die Zeit-dauer der einzelnen Aktivitäten*

Ereignisliste / Meilensteine

Nr.	Projekttitel	Auftraggeber	Projektleiter	
	Turmbau	Gätjens-Reuer	Alma und Lina	
Nr.	MS-Titel	MS-Verantwortlicher	Ergebnis	Termin
1	Planungsabschluß	PL	Entscheidung für bestimmten Entwurf mit Materialbedarfs-liste liegt vor	26.01.04
2	Fertigstellung	PL	Turm steht, Statik erfolgreich getestet	04.02.04
3	Abnahme	PL	Erfolgreiche Abnahme durch Auftraggeber, Dokumentation abgeschlossen	09-02-04

Abbildung 4:   *In der Ereignisliste werden die Meilensteine genau definiert. Hier das Bei-spiel für den Turmbau*

Kostenkalkulation

Zwei Hauptursachen sind laut Umfragen verantwortlich dafür, wenn Projekte aus dem Ruder laufen: die Zeit- und die Kostenplanung. Während ein Zeitverlust mitunter noch aufgefangen oder kompensiert werden kann, kann eine optimistische Kostenplanung ein Projekt auf halbem Wege regelrecht zu Fall bringen, wenn die Mittel ausgehen. Deswegen tun Projektverantwortliche gut daran, alle auch noch so gering erscheinenden Aufwendungen mit zu kalkulieren. Eine differenzierte Betrachtung der Aufwandsarten erleichtert die Kalkulation.

Bei der Kostenplanung wird unterschieden nach

- zeitaufwandsabhängigen Kosten und

- zeitaufwandsunabhängigen Kosten (in MS-Project feste Kosten genannt).

Zeitaufwandsabhängige Kosten sind zum Beispiel Stundensätze für die Personalressourcen im Projekt, Maschinenstundensätze oder pauschale Kalkulationssätze für die Nutzung von Räumen und Ausstattung (die aber oft schon in den Personalstundensätzen enthalten sind).

Zeitaufwandsunabhängige Kosten sind zum einen Einsatzkosten, wie zum Beispiel Reisekosten und Spesen für Projektmitarbeiter oder die Rüstkosten für Maschinen. Diese sind deshalb zeitaufwandsabhängig, weil sie pro Einsatz der jeweiligen Ressource anfallen, unabhängig davon, wie lange dieser Einsatz dauert.

Zum anderen gehören die *festen Kosten* dazu. Bei einem Bauprojekt sind das zum Beispiel die meisten Materialkosten, denn ganz gleich, wie langsam oder schnell ein Maurer eine Hauswand erstellt – die Anzahl der Ziegelsteine wird stets die gleiche bleiben.

Kostenentwicklung erkennen

Bei Verwendung einer Planungssoftware werden die Kosten in einer Ressourcen-/Kostensatztabelle als Kosten pro Einheit (pro Stunde oder pro Stück) hinterlegt. Das Programm rechnet dann die Gesamtkosten je nach geplantem Zeitaufwand hoch. Die festen Kosten müssen dagegen pro Arbeitsschritt, in dem sie anfallen, gesondert eingegeben werden.

Aufgabe der Kostenplanung im Projekt ist es, dafür zu sorgen, dass möglichst frühzeitig erkannt wird:

- was das gesamte Projekt laut Planung kosten wird,

- was die einzelnen Projektphasen kosten werden,

- was jeder einzelne Arbeitsschritt kostet,

- welche Kostenarten (Personal, Material) im Projekt anfallen und wie hoch diese jeweils insgesamt, pro Projektphase sind,

- wann welche Kosten in welcher Höhe im Projektverlauf anfallen.

Diese Informationen sind notwendig, um rechtzeitig zu erkennen, ob sich die geplanten Projektkosten im verfügbaren Budget bewegen und, wenn nicht, an welcher Stelle Kosten schon im Planungsstadium reduziert werden können. Außerdem ist es für die Liquiditätsplanung wichtig zu wissen, wann welche Beträge zur Zahlung anstehen werden.

Bevor also sämtliche Kostenübersichten, die zum Beispiel MS-Project zur Verfügung stellen kann, ausgedruckt werden, sollten Sie sich fragen, was Sie eigentlich genau wissen wollen und sich dann gezielt die geeigneten Übersichten erstellen. Im Prinzip können Sie sich nämlich fast jede denkbare Kombination von Informationen über Kostenarten, -höhen, Zeiträume und so weiter zusammenstellen lassen.

Der Kostenplan zeigt, was das Projekt kosten soll. Die Kosten können dabei auf verschiedene Weise dargestellt werden, zum Beispiel als

▶ Gesamtkosten
▶ Kosten pro Phase
▶ Kosten pro Vorgang
▶ Kosten pro Ressource
▶ Kosten pro Kostenart (zeitaufwandsabhängige und -unabhängige – also feste – Kosten)

Projektabschluss

Es ist soweit: Das Projekt ist abgeschlossen. Nun liegt es dem Auftraggeber zur Abnahme vor. Zweck dieser Abnahme ist die Feststellung, ob das Projektziel wie geplant erreicht wurde und die Entlastung der Projektleitung. Dabei hängt die Vorgehensweise stark von der Art des Projektes ab. Ein fertig gestelltes Haus beispielsweise geht durch die Abnahme, die in Form einer Begehung mit Erstellung eines Abnahmeprotokolls erfolgt, in den Verantwortungsbereich des Auftraggebers über. Das Haus wird offiziell übergeben. Bei einem Event-Projekt, zum Beispiel einer Firmenveranstaltung, wird die Abnahme ein Abschlussgespräch sein. In einem Organisationsprojekt, wie der Neustrukturierung der Ablage, muss zunächst der erreichte neue Zustand dokumentiert und überprüft sein, bevor die Projektleitung entlastet werden kann.

Was mindestens in einem Abnahmeprotokoll stehen sollte, zeigt das Formular in Abbildung 5. Je nach Projektgegenstand sind vor allem zum Punkt *Ergebnis/Qualität* detaillierte Prüflisten erforderlich, mit deren Hilfe die Zielerreichung kontrolliert werden kann.

Abnahmeprotokoll		
Projekt-Titel/Nr.	**Auftraggeber**	**Projektleiter**
Plan-Fertigstellungstermin	Plankosten	Planergebnis/Qualität (Details lt. Anlage)
Ist-Fertigstellungstermin	Ist-Kosten	Ist-Ergebnis/Qualität (Details lt. Anlage)
Abweichung/Begründung	Abweichung/Begründung	Abweichung/Begründung (Details siehe Anlage)
Sonstige Bemerkungen	Projekt abgenommen Datum/Unterschrift Auftraggeber	Entlastung der Projektleitung Datum/Unterschrift Auftraggeber

Abbildung 5: *Das Abnahmeprotokoll dokumentiert den erreichten Ist-Zustand nach Projektabschluss*

Projektabschlussbericht

In der Regel gehört zur Abschlussphase auch die Erstellung eines Projektabschlussberichtes. Er dokumentiert die Stationen der Realisierung mit allen erfolgten Änderungen, den zum Projektabschluss erreichten Status sowie die Fertigstellung der Dokumentation. Die Entscheidung und Veranlassung, welche Extrakte aus den in dem Projekt gewonnenen Erkenntnissen als relevantes Know-how gesichert werden sollen, ist ebenfalls eine wichtige Aufgabe. Gerade erfolgreiche Projekte liefern wertvollen Input für das Wissensmanagement eines Unternehmens.

Je nach Projektart müssen eventuell auch Pflege, Service und Wartung organisiert, beauftragt oder eingerichtet werden. So wird zum Beispiel nach Abschluss des Projekts *Ablageorganisation* mit Sicherheit jemand verantwortlich sein für die weitere Betreuung der Anwender und für die Pflege und Weiterentwicklung der eingeführten Ablage- und Wissensmanagement-Systeme.

Handelte es sich um ein größeres Projekt mit umfangreichen Ressourcen, müssen diese nun wieder aufgelöst und entweder anderen Projekten zugeteilt oder wieder zur Linie zugeordnet werden.

Für die materiellen Ressourcen sind Bestandlisten erforderlich, gegebenenfalls muss sogar eine Art Inventur gemacht werden. Die menschlichen Ressourcen müssen ebenfalls wieder integriert werden, was zum Beispiel bei Projekten mit erforderlichen Auslandseinsätzen auch noch einmal erheblichen Arbeitsaufwand – zum Beispiel in Form von Relocation-Maß-nahmen (Heimkehrer-Betreuung und Integration) – erforderlich machen kann.

Denken Sie auch daran, dass ein erfolgreicher Projektabschluss positiv für das Image der Projektleitung, der Teammitglieder und natürlich auch für Ihr Unternehmen ist. Klappern gehört ja bekanntlich zum Handwerk, deshalb bietet sich ein Erfolgsprojekt geradezu für PR-Maßnahmen an. Organisieren Sie eine Abschlussfeier und präsentieren Sie das Projekt in geeigneten Medien – Presse, Internet, Intranet oder zumindest in den Hausmitteilungen. Mit Aktionen dieser Art stellen Sie Ihre durch das Projekt hinzugewonnenen Kompetenzen pro-fessionell dar. Sie machen KollegInnen überdies Mut, eigene Projekte in Angriff zu nehmen.

Projektnutzen

Unter dem Begriff Evaluierung versteht man die Begutachtung bzw. Bewertung des mit dem Projekt tatsächlich erzielten Nutzens. Wie Sie dabei grundsätzlich vorgehen, zeigt die Check-liste Evaluation. Im bereits erwähnten Ablage-Projekt würde eine Evaluierung wie in den in der Checkliste genannten Schritten ablaufen. Zunächst wird der Nutzen beschrieben. Hier liegt ja bereits eine Formulierung aus der Vorstudie vor:

- mindestens 15 Minuten Zeiteinsparung pro Mitarbeiter/Tag

- schnellere Einarbeitung bei Neueinstellungen und Vertretungen

- bessere Arbeitsergebnisse durch höheren Informationsgrad der Mitarbeiter

- besseres Image bei Kunden

Als Prüfkriterien kommen in Frage:

- erreichte Zeiteinsparung pro Mitarbeiter

- erreichte Zeiteinsparung bei Neueinstellungen und Vertretungen

- Verbesserung des Informationsgrades nach subjektiver Einschätzung der Mitarbeiter

- Reduzierung negativen Kunden-Feedbacks zum Thema Ablage-/Informationsmanagement

Sinnvolle Kennzahlen wären beispielsweise:

- durchschnittliche Zeiteinsparung pro Mitarbeiter/Tag

- gesamte Zeiteinsparung aller Mitarbeiter/Jahr

- dadurch erreichte jährliche Kosteneinsparung

- Rentabilität des Projektes

- Amortisationsdauer des Projektes

▨ Mitarbeiterbefragungs-Ergebnisse zur Informationsgradverbesserung in Prozent

▨ Mitarbeiterbefragungs-Ergebnisse zu Kunden-Feedback in Prozent

---

Checkliste Evaluierung

▸ **Beschreiben Sie den Nutzen, der mit der Projektzielerreichung gewonnen werden soll:**

   – quantitativ (z. B. Zeitgewinn oder Kostenreduzierung)
   – qualitativ (z. B. Kundenzufriedenheit, Mitarbeitermotivation etc.)

▸ **Entwickeln und definieren Sie Prüfkriterien, mit deren Hilfe Sie das Ausmaß des erzielten Nutzens bewerten können:**

   – für den finanziellen Nutzen (z. B. Kostensenkungen, Umsatzsteigerung etc.)
   – für den immateriellen Nutzen (z. B. Bekanntheitsgrad, Mitarbeitermotivation, Kundenzufriedenheit, Qualifikationsniveau der Mitarbeiter etc.)
   – für den ideellen Nutzen (z. B. Auszeichnungen, Visions-/Leitbilderfüllung etc.)

▸ **Entwickeln und definieren Sie Kennzahlen, mit denen Sie den Grad des erzielten Nutzens messen können:**

   – für den finanziellen Nutzen (z. B. Rentabilität (ROI), Amortisationsdauer etc.)
   – für den immateriellen Nutzen (z. B. Befragungsergebnisse in Prozent etc.)
   – für den ideellen Nutzen (z. B. Anzahl, Bedeutung der Auszeichnungen etc.)

▸ **Bewerten Sie nun den durch das Projekt erzielten Nutzen, indem Sie**

   – die entsprechenden Kennzahlen ermitteln und mit den Soll-Werten vergleichen,
   – die ermittelten Kennzahlen mit denen anderer ähnlicher Projekte vergleichen (Benchmarking).

Am Schluss des Projektes zeigt sich noch einmal eindrucksvoll, wie sinnvoll es ist, von Beginn an professionell zu arbeiten. Wenn Sie bereits in der Vorstudie die Ist-Situation, so weit es geht, quantitativ erfassen und auch den Nutzen sehr genau definieren, dürfte Ihnen in der Evaluierungsphase der Nachweis Ihres Erfolges nicht allzu schwer fallen. Selbst wenn Ihr Projekt aufgrund seines Inhaltes eher schwer zu rechnen ist, können Sie mit der Definition der Nutzenkriterien – die Sie natürlich mit Ihrem Auftraggeber abstimmen und vereinbaren sollten – dennoch Ihren Projekterfolg schwarz auf weiß dokumentieren.

Führungswissen im Sekretariat

Matthias Herzberg

So unterstützen Assistentinnen ihre Führungskräfte bei der Mitarbeiterentwicklung und -motivation

Auch wenn viele Sekretärinnen nicht offiziell in einer Führungsposition sind und Personalverantwortung tragen, geht es für sie in der Praxis oft darum, ihre Vorgesetzten auch in Fragen der Motivation und Mitarbeiterführung – direkt oder indirekt – zuzuarbeiten. Was hat dazu aus dem breiten Gebiet der Theorie eine wirkliche praktische Relevanz für den Arbeitsalltag im Sekretariat oder in der Assistenz?

Mitarbeiterführung – worum es geht

„Führung ist die zielorientierte soziale Einflussnahme zur Erfüllung gemeinsamer Aufgaben", lautet eine Definition. Es geht also bei der Führung von Mitarbeitern darum, Menschen dazu zu bewegen, etwas zu tun. Jede Führungskraft wird also bestrebt sein, auf die Mitarbeiter einzuwirken: sie zu motivieren, sie anzuleiten, zu unterstützen oder zu kritisieren mit dem Hintergrund, *gemeinsame Ziele* zu erreichen. Eine Sekretärin kann ihren Chef am besten unterstützen, wenn sie über die Ziele, die er erreichen möchte, informiert ist. Im Rahmen von Mitarbeiterjahresgesprächen sollte jeder Chef seine Assistentin oder Sekretärin regelmäßig über seine Zielvorstellungen informieren, damit sie als wertvoller „verlängerter Arm" seine Führungsarbeit auch tatsächlich unterstützen kann.

Das Führungsdreieck

Rasch wird ersichtlich, dass mit einer Führungsaufgabe viel mehr gemeint ist, als lediglich ein Team „zu verwalten", „verantwortlich zu sein" oder einfach bloß Entscheidungen zu treffen: Führung ist mehr als Management oder Geschäftsführung und spielt sich immer in einem Dreieck verschiedener Anforderungen, Bedürfnisse und Beziehungsgeflechte ab:

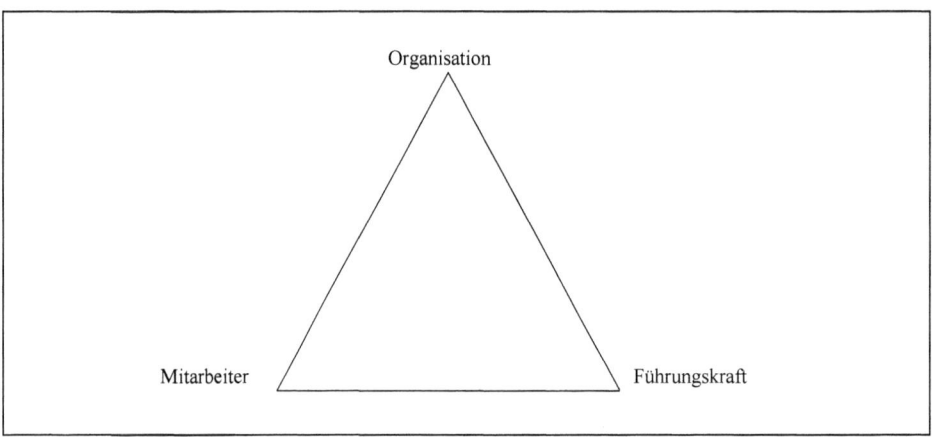

Abbildung 1:   *Führungsdreieck*

Es geht innerhalb des Dreiecks darum, eine ausgewogene Mischung der Berücksichtigung von Zielen zu erreichen. Also braucht es eine angemessene Auseinandersetzung mit den Bedürfnissen der Organisation – denen der Mitarbeiter und den eigenen Wünschen und Zielen.

Sekretärinnen können zum Beispiel ihren Vorgesetzten auf besondere Interessenlagen von Mitarbeitern hinweisen. Denn in Zeiten hoher Arbeitsbelastung ist es für viele Chefs oft schwierig, einen engeren persönlichen Kontakt zu allen Mitarbeitern zu halten. Dieser Part fällt dann häufig den Sekretärinnen und Assistentinnen zu. Sie halten ihre Chefs „auf dem Laufenden", auch was die Stimmung im Team oder Probleme der Zusammenarbeit betrifft. Um richtige Personalentscheidungen zu treffen, muss jeder Chef erst einmal wissen, wo Handlungsbedarf besteht. Hier sind die Informationen der Sekretärin Gold für ihn wert.

Ein großes Problem für viele Mitarbeiter gerade des mittleren Managements stellt die soge-nannte *„Sandwichposition"* dar, in der Führungskräfte noch eine oder mehrere Führungsebe-nen über sich und Mitarbeiter, gegenüber denen sie weisungsbefugt sind, unter sich haben. Betrachtet man in diesem Fall nochmals das Dreieck der Führung, wird schnell klar, dass es zu einer Verkomplizierung der Situation kommt, da sich die Ansprüche, die an solche Füh-rungskräfte gestellt werden, potenzieren.

Fragen zur Selbstreflexion:

▓ Welche Anforderungen werden seitens der Organisation an mich gestellt?

▓ Was erwarten meine Mitarbeiter von mir?

▓ Was sind dabei meine Ansprüche an Führung und Leitung?

Anforderungen an eine Führungskraft

Führungseigenschaften

„Was sind hilfreiche Persönlichkeitseigenschaften in einer Führungsposition?" Diese Frage hat in der Vergangenheit viele Forschergruppen intensiv beschäftigt.

Ergebnis aller Studien ist, dass die Bedeutung von Persönlichkeitseigenschaften für den Führungserfolg von Situation zu Situation sehr unterschiedlich sein kann: In einer Abteilung für Forschung und Entwicklung wird wissenschaftliche Intelligenz sehr viel wichtiger sein als in einer Marketingabteilung, in der z. B. kommunikative Fähigkeiten einer Führungskraft wesentlich mehr Bedeutung einnehmen. Man kann also festhalten, dass es „die" Führungseigenschaften, die über Erfolg oder Misserfolg entscheiden, nicht gibt. Individuelle Eigenschaften beeinflussen den Führungserfolg in jedem Fall, allerdings eben immer situationsabhängig. Übergreifend können einige Führungskompetenzen aufgezählt werden, die häufig benannt werden:

- Kommunikations- und Konfliktfähigkeit

- Kreativität und Flexibilität

- Überzeugungskraft

- Ziel- und Erfolgsorientierung

- Führungswissen

- Mut und Entscheidungsfreude

- Authentizität

Vor allem die Eigenschaft „Authentizität" wird in der Führungsliteratur häufig diskutiert und als Voraussetzung für erfolgreiche Führung genannt. Wer authentisch führt, zeigt sich aufrichtig als Person und führt so, dass es zu ihm passt. Das heißt: Eine authentische Führungskraft wirkt nach außen rund und überzeugend. Führungskräfte, die einstudiert und unecht wirken, haben bei weitem nicht soviel Erfolg wie Manager, die an das, was sie tun auch tatsächlich glauben. Charisma und Ausstrahlung spielen für den Führungserfolg eine große Rolle. Wenn eine Führungskraft sich anders verhält, als sie es von den Mitarbeitern verlangt, führt dies zu Irritationen. „Practice what you preach!", ist ein wichtiger Leitsatz in der Führung – also selbst als Vorbild voranzugehen, durchaus als „starke Persönlichkeit", die ihre Botschaft gut vermitteln kann. „Practice what you preach" gilt im gleichen Atemzug aber auch für alle Sekretärinnen und Assistentinnen, die ein Teil der Führungsmannschaft sind. Denn nur wenn sie sich solidarisch und konform zum Führungsstil ihrer Vorgesetzten zeigen, werden sie von den übrigen Mitarbeitern als zugehörig und nicht als dissonant zu ihrem Chef wahrgenommen.

Selbstreflexion – Das JoHari-Fenster

Das JoHari-Fenster wurde im Jahre 1955 von John Luft und Harry Ingham entwickelt. Es verdeutlicht, dass für die erfolgreiche Arbeit als Führungskraft zwei Punkte besonders wichtig sind:

1. das Einholen von Feedback über die Mitarbeiter und

2. die „Selbstoffenbarung", was so viel bedeutet wie „Dinge über sich preiszugeben".

Abbildung 2:   *Das JoHari-Fenster*

Open: Der öffentliche Bereich, die öffentliche Person. Das ist der Teil unserer Person, der sowohl uns als auch anderen bekannt ist und die wir offen und frei zeigen.

Hidden: Das ist der Bereich des Verhaltens, der mir bekannt und bewusst ist, den ich aber anderen nicht bekannt gemacht habe oder machen will. Dieser Teil des Verhaltens ist für andere verborgen. Dazu gehören Gedanken und Aktionen, die wir anderen nicht gerne mitteilen, weil sie zu unseren empfindlichen Stellen gehören.

Blind: Ist der blinde Fleck der Selbstwahrnehmung, d. h. der Teil des Verhaltens, der für andere sichtbar und erkennbar ist, mir selbst hingegen nicht bewusst ist. Beispielsweise Gewohnheiten, Vorurteile, Körpergesten oder meine Reaktionsweisen in bestimmten Situationen, die andere durch Beobachtung bemerken.

Unknown: Er erfasst Vorgänge, die weder mir noch andern bekannt sind und sich in dem Bereich bewegen, der in der Tiefenpsychologie unbewusst genannt wird. Die Inhalte dieses Bereichs zu erschließen erfordert eine Psychotherapie oder eine Psychoanalyse, und selbst dann kommt es oft nicht ans Tageslicht.

Mit Hilfe des JoHari-Fensters ist leicht zu verstehen wie authentische Führung erreicht werden kann. Denn durch die Vergrößerung des öffentlichen Bereichs OPEN werden die Bereiche HIDDEN und BLIND verkleinert. Warum?

- *Feedback einholen:*
  Die Fläche des „blinden Flecks" wird kleiner. Wer sich in seiner Führungsrolle Feedback von Mitarbeitern einholt erfährt mehr darüber, wie er wahrgenommen wird.

- *Sich selbst mitteilen:*
  Die Fläche des „privaten Bereichs" (Hidden) wird kleiner, indem man Feedback über seine Wahrnehmungen und Befindlichkeiten gibt.

Die Selbsteinschätzung, die eine Führungskraft von sich hat, kann so weitgehend in Übereinstimmung mit der Einschätzung durch die Mitarbeiter gebracht werden. Selbst- und Fremdwahrung kommen so immer mehr in Einklang, was letztendlich Authentizität bewirkt.

Natürlich geht es nicht darum, wie ein offenes Buch durch die Firma zu laufen und sein Innerstes nach außen zu kehren oder ständig um Rückmeldungen zu bitten. Wie immer steht der goldene Mittelweg im Vordergrund – also eine ausgewogene Mischung von beidem zur rechten Zeit. Für Mitarbeiterinnen in den Bereichen Sekretariat und Assistenz kann es eine wertvolle Hilfe sein, das JoHari-Fenster als Grundlage für die Beziehung zwischen Chef und Assistenz zu nehmen. Das heißt: Regelmäßiges Feedback geben und nehmen – und zwar von beiden Seiten – trägt zu einer offenen und ehrlichen Beziehung bei und erlaubt damit ein effizientes und effektives gemeinsames Arbeiten.

Der Führungsstil

Ein Patentrezept für erfolgreiche Führung würde natürlich gerne jede Führungskraft besitzen, allerdings gibt es keines. Das Einzige, worin sich alle Führungsexperten einig sind ist, dass Extremhaltungen für die Mitarbeiterführung schädlich sind. Sie haben sich in der Vergangenheit nicht bewährt. „Dominant-autoritäres Führungsverhalten" nach militärischer Machart ist hierbei genauso unangemessen wie „planloses Laufenlassen" der Mitarbeiter oder etwa Kumpanei. Studien belegen, dass es vielmehr das Konzept des „Situativen Führens" ist, das Erfolg verspricht.

Die Führungsexperten Paul Hersey und Kenneth Blanchard (1977) unterscheiden zwei Dimensionen im Führungshandeln, die in ihrer Kombination zu vier verschiedenen Führungsstilen führen.

■ *Aufgabenorientierung:*
Wer stark **aufgabenorientiert** führt, führt nah am Inhalt dessen, was erledigt werden muss. Es wird viel angeleitet und vorgegeben sowie in hohem Maße kontrolliert.

■ *Mitarbeiterorientierung:*
Wer die Mitarbeiterorientierung betont, räumt den Mitarbeitern Mitspracherecht und Entscheidungsfreiheit ein; der Mitarbeiter wird an Entscheidungen beteiligt – diese werden gemeinschaftlich getroffen, zusammen entwickelt oder zumindest diskutiert.

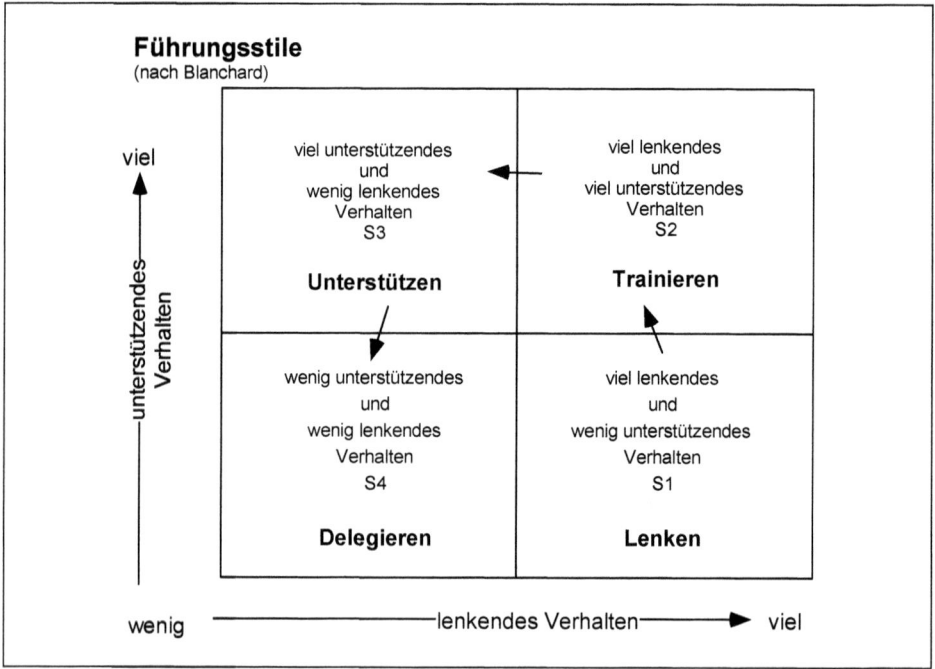

Abbildung 3:   *Situatives Führen*

Im Diagramm wird ersichtlich, dass die Kombination beider Faktoren zu insgesamt vier übergeordneten Führungsstilen führt, je nachdem wie stark die einzelnen Faktoren „Aufgabenorientierung" und „Mitarbeiterorientierung" ausgeprägt sind und zusammenspielen.

Lenken

Das ist dirigierendes Verhalten in reinster Form, d. h. die Führungskraft gibt ganz genaue und detaillierte Anweisungen und kontrolliert die genaue Durchführung dieser Aufgabe. Die Führungskraft gibt sozusagen ihre Entscheidungen bekannt, die Kommunikation verläuft recht einseitig. Der Mitarbeiter mit seinen Interessen steht hierbei im Hintergrund.

Trainieren

Bei diesem Stil kommt das unterstützende Verhalten dazu. Die Führungskraft lenkt und überwacht immer noch genau die Durchführung der Aufgabe, jedoch bespricht sie die Entscheidungen mit dem Mitarbeiter, bittet ihn um Vorschläge und unterstützt seine Fortschritte.

Unterstützen

Hier tritt das fördernde Verhalten in den Vordergrund. Die Führungskraft unterstützt und fördert den Mitarbeiter bei der Durchführung seiner Aufgaben. Zudem teilt er sich die Verantwortung für die Entscheidung mit ihm, soweit sie den Mitarbeiter betreffen. Es beginnt die Übertragung von verantwortungsvollen Aufgaben, Mitarbeiter werden hier individuell motiviert.

Delegieren

Die Führungskraft übergibt dem Mitarbeiter die volle Verantwortung, damit dieser die Probleme nach eigenem Ermessen lösen und die entsprechenden Entscheidungen selbstständig fällen kann. Die Führungskraft tritt nur in besonderen Fällen in Erscheinung, der Mitarbeiter agiert weitgehend selbstständig.

Alle Variationen der Führung kann die Sekretärin und Assistentin unterstützen, indem sie den Kommunikationsprozess zwischen Chef und Mitarbeitern begleitet und bei Missverständnissen, Problemen oder Konflikten moderierend eingreift.

Situative Führung empfiehlt also nicht, alle gleich zu führen, sondern eben jeden Mitarbeiter individuell und bezogen auf die jeweilige Tätigkeit anzuleiten. Daher wird dieses Modell auch *Reifegradmodell der Führung* genannt. Hersey und Blanchard haben das Modell um einen weiteren, für die Führungsarbeit hilfreichen Teil erweitert: die Dimension des Reifegrades eines Mitarbeiters, der kurz und präzise Rückschlüsse darauf zulässt, welchen Führungsstil dieser Mitarbeiter gerade braucht.

Bestimmung des Entwicklungsstandes eines Mitarbeiters

Der Entwicklungsstand lässt sich zum einen an der Kompetenz feststellen. Einen zweiten Hinweis liefert das Engagement bei der Arbeit. Verantwortlich dafür sind vor allem die Motivation und das Selbstvertrauen.

Wenn ein junger Mitarbeiter nach seiner Ausbildung oder seinem Studium seine Arbeit in einem Unternehmen beginnt, ist die fachliche Kompetenz, was die Anforderungen des Unternehmens betrifft, meist relativ gering ausgeprägt. Warum? Viele junge Mitarbeiter berichten, dass sie das, was sie nun im Rahmen der täglichen Arbeit an Rüstzeug benötigen, nicht in Studium oder Ausbildung, sondern erst in der Praxis lernen. Also steigt die Kompetenz in der Regel mit der Zugehörigkeit in einer Organisation an oder wird durch Zugehörigkeit in vielen verschiedenen Organisationen, wenn das Arbeitsfeld ähnlich ist, sukzessive aufgebaut. Daher nimmt Kompetenz über die verschiedenen Phasen der Entwicklung eines Mitarbeiters stetig zu.

Anders verhält es sich mit dem Engagement, der Motivation. Ein Mitarbeiter, der seine Arbeit in einem Unternehmen gerade neu aufnimmt, ist im Regelfall hoch motiviert. Er möchte sich einbringen, sich beteiligen und vielleicht mit vielen Ideen etwas verändern. Vielleicht ist es auch sein Anliegen, sich im Rahmen der Probezeit zu bewähren, um als fähiger und engagierter neuer Mitarbeiter wahrgenommen zu werden. Auf den ersten Blick mag es deshalb erstaunlich anmuten, dass nach dem hohen Engagement gleich zu Beginn in der nächsten Entwicklungsstufe „wenig Engagement" folgt.

Dies ist jedoch leicht zu erklären: Routine hat sich eingestellt, der Mitarbeiter ist bezüglich seiner Aufgaben etwas abgeklärter, vielleicht ist auch schlicht und ergreifend die Probezeit vorbei. „Schwankendes Engagement" in der folgenden Abbildung heißt, dass es zeitweise Unterschiede in der Motivation des Mitarbeiters gibt, die in der Personalführung berücksichtigt werden sollten. Hohes Engagement stellt sich in der Regel dann ein, wenn der Mitarbeiter seine Aufgaben vollkommen eigenverantwortlich wahrnimmt.

Die vier Entwicklungsstufen

Ausgereifte Kompetenz - hohes Engagement	Hohe Kompetenz - schwankendes Engagement	Einige Kompetenz - wenig Engagement	Wenig Kompetenz - hohes Engagement
E4	**E3**	**E2**	**E1**

entwickelt ←   entwicklungsfähig

So brauchen Mitarbeiter auf den unterschiedlichen Entwicklungsstufen verschiedene Führungsstile:

Entwicklungsstufe und Führungsstil				
Entwicklungs-stufe	**E4** Ausgereifte Kompetenz - hohes Engagement	**E3** Hohe Kompetenz - schwankendes Engagement	**E2** Einige Kompetenz - wenig Engagement	**E1** Wenig Kompetenz - hohes Engagement
Angemessener Führungsstil	**S4** Delegieren Verantwortung für Entscheidungen übertragen	**S3** Unterstützen Zuhören, anerkennen und fördern	**S2** Trainieren Lenken und unterstützen	**S1** Lenken Vorgeben, strukturieren, kontrollieren

Führungskräfte können so ein Reifegradmodell bezogen auf die einzelnen Mitarbeiter erstellen:

▪ Die Anforderungen der Stelle werden der Kompetenz des Mitarbeiters gegenübergestellt.

▪ Der Mitarbeiter wird bezüglich seines Engagements eingeschätzt.

▪ Daraufhin wird ein Führungsplan für den Mitarbeiter entwickelt, eventuell unter Einsatz unterschiedlicher Führungsstile für verschiedene Aufgabenfelder.

Eine gute Führungskraft hilft entweder das Engagement (Motivation, Selbstvertrauen) des Mitarbeiters (wieder) zu fördern und/oder seine Kompetenz zu verbessern. Die Aufgabe der Sekretärin in diesem Bereich: Sie ist meist näher dran an der Mitarbeiterbasis und kann durch Beobachtung feststellen, ob ein Mitarbeiter gerade in einem Motivationsloch steckt. Diese Beobachtung teilt sie ihrem Chef mit. Außerdem kann sie in Gesprächen mit Mitarbeitern erfahren, wo es Probleme gibt, wo Förderungsbedarf ist und wo es eventuell Informations-defizite gibt.

Gerade bei den Führungsstilen „Lenken" und „Trainieren" ist es aufgrund der hohen Aufga-benorientierung erforderlich, den Mitarbeiter stark zu kontrollieren. Kontrolle ist, genau so wie Delegation, ein für jede Führungskraft sehr anspruchsvolles Thema. Unangemessene Kontrolle in Form von „Gängelei" kann bei den Mitarbeitern zu großer Unzufriedenheit oder dem Gefühl, dass die Führungskraft eigentlich keine Verantwortung abgeben möchte, führen. Daher gibt es für erfolgreiches Controlling einige hilfreiche Tipps, die beachtet werden können.

▧ *Respektvoll und fair führen:*
Mitarbeiter sollten nicht das Gefühl haben, zu unrecht kontrolliert oder vollkommen ein-geengt zu werden. Hier kann die Sekretärin unterstützend tätig sein, indem sie mit viel Fingerspitzengefühl erspürt, ob das Maß der Kontrolle für den Mitarbeiter erträglich und noch förderlich ist.

▧ *Konkret und transparent führen:*
Führungskräfte sollten ihre Kontrolle auf konkrete Situationen beziehen und mit dem Mit-arbeiter bereits im Vorfeld bei der Zieldefinition besprechen, *was* genau kontrolliert wer-den wird.

Dies setzt die Arbeit mit Zielen, die den Namen auch verdienen, voraus. Denn Ziele werden allzu oft mit Wünschen, Absichtserklärungen oder Vorsätzen verwechselt. Was ist ein gutes Ziel? Ein gutes Ziel ist

▧ schriftlich fixiert,

▧ messbar und terminiert,

▧ aus eigener Kraft erreichbar und

▧ positiv formuliert.

Um Ziele mit Mitarbeitern zu entwickeln, ist das sogenannte „ZIEL Schema" eine bewährte Arbeitshilfe:

Ausformuliertes Ziel:	
ZWECK (Warum?)	INHALT (Wie – der Weg zum Ziel)
ERGEBNIS (Messbares Resultat)	LÄNGE (Termin der Zielerreichung)
Meilensteine: (Zwischenziele)	
Datum:	Zielerreichungsgrad:
Datum:	Zielerreichungsgrad:

Wenn eine Führungskraft in ihrem Führungsstil die Mitarbeiterorientierung stark betonen will, sollte sie den Mitarbeitern im ZIEL-Schema den Inhalt, also den Weg zum Ziel, selbst erarbeiten und ausformulieren lassen.

Fazit:

Sekretärinnen brauchen von ihren Chefs Informationen darüber, welchen Reifegrad Mitarbeiter einnehmen und wie sie demzufolge geführt werden müssen. So wissen sie, welcher Mitarbeiter welche Ansprache benötigt, wenn sie z. B. Entscheidungen des Chefs an die Mitarbeiter weitergeben müssen. Mitarbeitern mit ausgereifter Kompetenz brauchen sie dann z. B. nur die Aufgabenstellung nennen, während sie Mitarbeitern mit wenig Kompetenz die Anweisungen des Chefs detailliert erklären müssen. Auf diese Weise kann sichergestellt werden, dass die Mitarbeiter auch indirekt durch die Sekretärin oder Assistentin richtig geführt werden. In der Praxis heißt das also für Sekretärinnen, mit ihren Chefs genau zu besprechen wie welcher Mitarbeiter „angepackt" werden sollte. Gemeinsame Überlegungen wie die Mitarbeiter geführt werden sollen, kann die Führungskraft enorm entlasten. Denn letztendlich führt jeder Chef seine Mitarbeiter in hohem Ausmaß auch über das Sekretariat.

Motivation – es gibt kein Verhalten ohne Motiv

Eines der schwierigsten und meist diskutierten Bereiche im Themenkreis Personalführung ist die Mitarbeitermotivation. Führung als „Überzeugungsarbeit" mit dem Ziel, Engagement und eigenverantwortliches Arbeiten zu steigern und zu ermöglichen, ist automatisch sehr eng mit Motivation verwoben. Führungsarbeit ist Motivationsarbeit.

Die Schwierigkeit besteht hierbei in der Erkenntnis, das jeden Menschen unterschiedliche Dinge motivieren: Den einen motiviert vielleicht eine finanzielle Belohnung, den anderen die Übernahme von mehr Verantwortung und die Einbindung in interessante Projekte. So ist es mit der Motivation genau so wie mit der Führungstheorie: ein Patentrezept und die „Lösung für alle" gibt es nicht.

Der Psychologe Abraham Maslow hat ein Modell entworfen, das eine Hierarchie der Bedürfnisse abbildet.

Eine Kernaussage des Modells ist, dass für einen Menschen erst bestimmte Grundbedürfnisse erfüllt sein müssen, bevor er sich anderen Ebenen zuwenden kann. Also bedingt jede Ebene innerhalb des Modells die jeweils darüber liegenden Schichten. Praktisch gesprochen: Jemand, dessen Arbeitsplatz aktuell gefährdet ist (Bedürfnisebene „Sicherheit") wird sich nicht um soziale Motive oder Ich-Motive wie Status, Macht und Anerkennung kümmern können und wollen.

Eine weitere Aussage in Maslows Modell ist die Differenzierung von Defizit- und Wachstumsmotiven. So sind die unteren vier Ebenen der Pyramide den Defizitmotiven zuzuordnen, nur die letzte, oberste Ebene der „Selbstverwirklichung" ist ein Wachstumsmotiv. Die Nicht-Erfüllung von Ebenen der Defizitmotive führt, wie der Name schon sagt, zum Erlebnis eines Defizits. Sind die Bedürfnisse auf diesen Ebenen erfüllt, entsteht nach Maslow lediglich keine Unzufriedenheit – mehr nicht. Es entsteht also nicht automatisch Zufriedenheit.

Eine zusätzliche Art, verschiedene Bedürfnislagen zu unterscheiden, ist die Differenzierung in intrinsische und extrinsische Motivation. Die extrinsische Motivation ist auf den vier unteren Ebenen bei Maslow anzusiedeln. Das heißt, die Impulse kommen von außen. Intrinsische Motivation dagegen ist all das, was Menschen von innen heraus motiviert – wenn die Arbeit an sich Spaß macht, man sie mit einem tieferen Sinn verbindet. Es ist erwiesen, dass intrinsische Motivation Menschen sehr viel stärker motiviert, als externe Reize.

So kann mit Fug und Recht behauptet werden, dass finanzielle Anreize wie Boni-Systeme überschätzt, und andere Dinge wie eine gute Unternehmenskultur oder ein funktionierendes Bereichsklima oft unterschätzt werden. Ich habe viele Fälle erlebt, in denen finanzielle Anreizsysteme in Organisationen für ganz unterschiedliche Themen eingeführt wurden, und sich anschließend nichts verändert hat oder sogar negative Auswirkungen beobachtet werden konnten (Verkaufs- oder Umsatzzahlen gehen bergab). Woran liegt das? Menschen wünschen sich oft Anerkennung und Wertschätzung im Rahmen eines persönlichen Gesprächs mit dem Vorgesetzten vielmehr als eine Belohnung für etwas, das eigentlich niemanden „wirklich" interessiert.

Auch hier kann die Sekretärin und Assistentin – was die Führungsarbeit anbelangt – wiederum enorm unterstützend wirken: durch „menschliche" Gespräche mit den Mitarbeitern auch außerhalb des beruflichen Rahmens. Und: Indem Sie Ihren Chef darauf aufmerksam macht, dass ein Mitarbeiter ein ganz persönliches Gespräch mit dem Chef braucht.

Fragen zur Selbstreflexion:

▪ Erstellen Sie Ihre eigene Bedürfnispyramide – welche Ebenen sind wie stark ausgeprägt?

▪ Wie hat sich wohl die Bedürfnispyramide im Laufe der letzten Jahre bezüglich der Ausprägung der einzelnen Ebenen verändert? Woran liegt das und was hat das für Auswirkungen auf die Motivation von Mitarbeitern heute?

▩ Auf welchen Ebenen der Bedürfnispyramide können Sie als Assistentin motivierend auf Mitarbeiter einwirken?

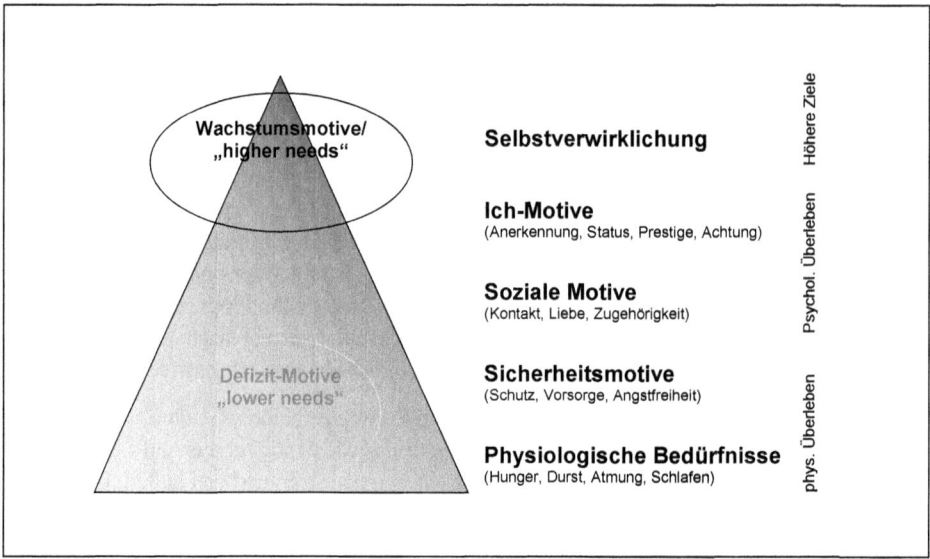

Abbildung 4: *Individuelle Bedürfnisse berücksichtigen: Maslows Bedürfnispyramide*

Zufriedenheit entwickeln, Unzufriedenheit verhindern: Zwei-Faktoren-Theorie nach Herzberg

Auf Maslows Theorie aufbauend entwickelte der Arbeitswissenschaftler und Psychologe Frederick Herzberg ein Zwei-Faktoren-Modell der Arbeitsmotivation. Herzberg unterscheidet ebenfalls zwei Arten von menschlichen Bedürfnissen: Defizit-Bedürfnisse und Entwicklungsbedürfnisse, die er jedoch in seinem Modell mit „Hygienefaktoren" und „Motivatoren" bezeichnet:

▩ *Defizit-Bedürfnisse oder „Hygienefaktoren":*
Ein Defizit wird als unbefriedigend empfunden, aber die Beseitigung des Defizits schafft keine Zufriedenheit, sondern nur Beseitigung der Unzufriedenheit – mehr als ein Loch zu stopfen, ist nicht möglich. Sind Defizitbedürfnisse nicht erfüllt, entsteht Unzufriedenheit. Deshalb heißen sie auch Hygienefaktoren – sie machen zwar sauber, aber nicht unbedingt schön.

▩ *Entwicklungsbedürfnisse oder „Motivatoren":*
Sie richten sich nach der Steigerung des Selbstwertgefühls durch Erreichen einer Leistung, Anerkennung durch andere, Übernehmen von Verantwortung und Entwicklung neuer Fähigkeiten. Faktoren, die diese Bedürfnisse befriedigen, führen zu hoher Motivation (Motivatoren). Fehlen sie, so wird das Entstehen von Zufriedenheit verhindert – werden sie erfüllt, ist eine gesteigerte Arbeitszufriedenheit das Ergebnis.

Das Zwei-Faktoren-Modell bietet folgende Denkansätze für die tägliche Arbeit:

▨ Die Unterscheidung zwischen Motivatoren und Hygienefaktoren und der jeweilige Wirkungsgrad sind von Mensch zu Mensch verschieden.

▨ Jeder Hygienefaktor hat auch eine Motivationsfunktion und umgekehrt – nur eben nicht ganz so stark ausgeprägt wie die eigentliche Funktion.

▨ Ein gutes Betriebsklima, ein „guter" Führungsstil, eine hohe Vergütung und eine hohe Arbeitsplatzsicherheit führen nicht automatisch zu einer höheren Motivation am Arbeitsplatz. Sie verhindern vielmehr, dass ein Mitarbeiter unzufrieden wird.

▨ Die Wahrnehmungsbrille des Mitarbeiters muss berücksichtigt werden: Das Modell basiert auf den Ergebnissen verschiedener Mitarbeiterbefragungen. Menschen neigen dazu, positive Erlebnisse (z. B. Leistung, Beförderung) eher sich selbst zuzuschreiben, bei negativen Erlebnissen wird jedoch nicht unbedingt das eigene Versagen genannt, sondern eher die Schuld bei anderen gesucht (z. B. schlechter Führungsstil, unzureichende Arbeitsbedingungen).

▨ Die Botschaft Herzbergs lautet nicht, die Wirklichkeit in dieses Modell zu pressen und die Führungsarbeit strikt danach auszurichten. Sie lautet vielmehr, dass man als Führungskraft, die ihre Mitarbeiter zu motivieren versucht, bedenken sollte, dass es nicht nur einen oder zwei Einflussfaktoren auf die Arbeitsmotivation gibt, sondern dass eine Vielzahl von Faktoren Einfluss auf die Motivation haben *kann*. Welche das sind und wie stark sie jeweils ausgeprägt sind, hängt vom Einzelfall ab.

Leitgedanken zur Motivation

Obwohl sich aus der Wissenschaft und der Praxis für eine Führungskraft keine allgemeingültigen Verfahrensanweisungen zur Sicherstellung der eigenen und der Mitarbeitermotivation ableiten lassen, so kann man doch einige Leitgedanken formulieren, die einem in der täglichen Führungsarbeit als Orientierung dienen können:

▨ Gemeinsame Grundüberzeugungen finden (z. B. Lebensphilosophie, Hobbys, Familie)

▨ (Wirkliches) Interesse an der gesamten Person des Mitarbeiters entwickeln

▨ Authentisch und konsequent im Verhalten sein

▨ Anerkennung und konstruktive Kritik regelmäßig aussprechen

▨ Gemeinsam Ziele vereinbaren und später mit der Wirklichkeit abgleichen mit gemeinsamer Ursachenanalyse und Entwicklung von Verbesserungsmaßnahmen

▨ Mitarbeitern ein Vorbild sein (schafft natürlichen Respekt)

▨ Mitarbeiter durch Delegation von Aufgaben selbstständig arbeiten lassen

▨ Herausfordernde Aufgaben entwickeln

▨ Unterstützung anbieten

Grundlegendes Ziel des Führungsprozesses ist es, eine Übereinstimmung zwischen den Bedürfnissen der Organisation und den Bedürfnissen des Mitarbeiters zu schaffen. Sekretärinnen und Assistentinnen haben in Organisationen oftmals einen großen Gestaltungsspielraum und Einfluss. So können sie ihren Chefs z. B. Anregungen in folgenden Bereichen weitergeben:

- Wie kann das Arbeitsumfeld (im Modell von Herzberg also die Arbeitsbedingungen) angenehmer gestalten werden?

- Wie kann das Betriebsklima durch gezielte Aktionen verbessert werden?

- Wie können den Mitarbeitern zeitnahe Rückmeldungen über erzielte Leistungen und Erfolge gegeben werden?

Motivation von Mitarbeitern ist also kein „Buch mit sieben Siegeln", sondern kann, insbesondere von der Stabstelle Sekretariat, aktiv unterstützt werden. Vorschläge von Sekretärinnen und Assistentinnen bezüglich der Mitarbeitermotivation sind eine wertvolle Hilfe für den Chef, der unter Umständen stark vom Tagesgeschäft eingenommen wird und nicht bemerkt, wo dringend Handlungsbedarf besteht. Jede Sekretärin sollte in diesem Fall ihren Chef proaktiv und selbstbewusst ansprechen, vor allem, wenn sie bemerkt, dass sich das Betriebsklima verschlechtert oder Verbesserungen erzielt werden können.

Checkliste

So schaffen Sie als Sekretärin/Assistentin ein motivierendes Arbeitsumfeld:

Faktoren und *Hinweise für Sekretariat und Assistenz*	✓	Ø	☒
Klare Definition von Funktionen, Aufgaben, Kompetenzen und Vollmachten – jeder Mitarbeiter muss wissen, wie seine Stellung ist und welche Bedeutung seine Arbeit für das Gesamtunternehmen hat. *Überprüfen Sie ggf. die Qualität und Angemessenheit der Geschäftsverteilung und regen Sie Reflexion/ Modifikation derselben an!*			
Ganzheitlich informieren: rechtzeitig und ausreichend und dem Mitarbeiter nicht nur das „Was" und „Wie", sondern auch das „Warum" erläutern (Sinnstiftung). *Geben Sie dem Chef Rückmeldung, dass es wichtig ist, Mitarbeiter rechtzeitig und umfassend über anstehende Veränderungen zu informieren und diese auch zu beteiligen, wenn sie direkt betroffen sind, um das Entstehen von Angst und Unsicherheit zu vermeiden und etwas für ein gutes Betriebsklima zu tun.*			
Versprechungen sind nur motivierend, wenn sie gehalten werden. *Sollte die Führungskraft häufiger Versprechungen geben und diese nicht halten, geben Sie eine ehrliche Rückmeldung darüber, dass es wichtig ist, zu Zusagen zu stehen und diese umzusetzen, um keine Arbeitsunzufriedenheit entstehen zu lassen.*			

Faktoren und *Hinweise für Sekretariat und Assistenz*	✓	Ø	☒
Für die Erfüllung einer Aufgabe müssen die notwendigen Rahmenbedingungen gegeben sein. *Tragen Sie dafür Sorge, dass diese Rahmenbedingungen bestehen bleiben können, verbessert oder eingeführt werden.*			
Gewährleistung einer guten Einführung neuer Mitarbeiter durch Hilfestellungen, soziale und fachliche Unterstützung. *Die Führungskraft wird womöglich nicht selber dafür sorgen können, dass neue Mitarbeiter den Betrieb umfassend kennen lernen können. Stellen Sie „den Neuen" Kolleginnen und Kollegen vor, zeigen Sie alles, was für die Arbeit wichtig ist und weisen Sie auch auf ungeschriebene Regeln und Gesetze hin, die eine neue Kollegin bei Ihnen im Hause kennen sollte!*			
Herausforderungen und interessante Tätigkeiten für Mitarbeiter schaffen. *Entwickeln Sie Ideen darüber, wie „lästige" Tätigkeiten auf alle Teammitglieder gerecht verteilt werden können – und gehen Sie mit Aufgaben, die Spaß machen genau so um. Es wirkt demotivierend, wenn immer die Gleichen die schönen/unangenehmen Aufgaben erledigen müssen!*			
Mehr Anerkennung und Lob – Kleinigkeiten aus Sicht der Führung sind manchmal „Heldentaten" aus Sicht der Mitarbeiter. *Weisen Sie den Chef darauf hin, dass Kollege X mal ein Lob vertragen könnte, wenn er z. B. durch regelmäßige kleine Beiträge viel zum guten Klima der Abteilung/Gruppe beiträgt und sich über ein Feedback hierüber sehr freuen würde!*			
Konstruktive, angemessene Kritik und Regeleinhaltung in der Kommunikation, z. B. Vier-Augen-Gespräche, keine Kritik vor Dritten etc. *Achten Sie auf Ihr eigenes Kritikverhalten und optimieren Sie es! Sollten Sie mit Kollegen zu tun haben, die regelmäßig unangemessen und unprofessionell kritisieren, bitten Sie sie konkret um Verbesserungen (nur hinter verschlossener Tür, konstruktiv etc.)!*			
Ermöglichung von selbstständiger Arbeit oder Arbeitsanteilen und Delegation von Entscheidungsspielräumen. *Bitten Sie Ihre Führungskraft bei Aufgaben, die Sie selbstständig erledigen können, dass Sie gerne dafür verantwortlich zeichnen würden oder geben Sie Hinweise, „… dass es doch für Frau X schön wäre, dies vielleicht eigenverantwortlich zu lösen".*			
Entwicklung von gemeinsamen Zielen zwischen Führungskraft und Mitarbeitern, professionelle (!) Beurteilungen zur Potenzialermittlung durchführen und mit den Mitarbeitern besprechen. *Regen Sie die professionelle Einführung von Mitarbeiterjahresgesprächen und die regelmäßige Durchführung von Teambesprechungen mit allen Teammitgliedern in Ihrem Team an! Wir wissen aus unserer Arbeit, dass dies mit zu den wichtigsten Punkten eines motivierten Teams gehört.*			

Faktoren und *Hinweise für Sekretariat und Assistenz*	✓	Ø	☒
Anreize durch die Installierung eines Motivationssystems. *Entwerfen Sie in einem Brainstorming mit Kolleginnen und Kollegen Ideen, wie man die Motivation im Team steigern kann und bedenken Sie hierbei, dass Prämien nicht die erste Wahl sind – sondern vielmehr gemeinsame Teamaktivitäten und ein wertschätzender Umgang miteinander sowie die Beteiligung von Betroffenen, wenn es um Änderungen im Team geht!*			
Rechtzeitige Schulungen und planvolle Weiterbildung. *Entwickeln Sie ein System, in dem die Qualifikationen einzelner Teammitglieder abgebildet werden (Wissensmanagement, z. B. mit einer Wissenslandkarte) und führen Sie einen Fragebogen zur Bedarfserhebung ein, über den der Fortbildungs- und Entwicklungsbedarf des Teams erfasst werden kann und werten Sie die Ergebnisse gemeinsam mit Ihrem Chef aus.*			

✓ = *gut aufgestellt;*
Ø = *durchschnittlich, in Ordnung*
☒ = *kann verbessert/aufgebaut/entwickelt werden*
Quelle: nach Oppermann-Weber

Die Sekretärin sollte natürlich die in der Tabelle angeführten Aktivitäten und Aktionen zuvor mit der Führungskraft abstimmen; sicher wird der Vorgesetzte erkennen, dass diese Art von Arbeit ihn sehr entlastet und zur Steigerung des Teamerfolgs einen wertvollen Beitrag leistet.

Erfolgreiche Kritikgespräche führen

„Jede Angst enthält auch einen Wunsch", lautet ein Zitat von Sigmund Freud.

Mit persönlichen Angriffen, Mobbing oder unangemessener Kritik verhält es sich genauso. Man könnte sagen: „Hinter jedem Vorwurf verbirgt sich ein nicht erfülltes Bedürfnis". Folgende Checkliste hilft bei der Vorbereitung und Durchführung von Kritikgesprächen im Büro.

Um Mitarbeiter auf Missstände anzusprechen braucht es eigentlich nur etwas Mut und die Anwendung von ein paar Techniken, die leicht zu erlernen sind. Wichtig ist, hier Initiative zu zeigen und nicht darauf zu hoffen, dass jemand anders diese „unangenehme Aufgabe" übernimmt – denn das Kritisieren von Mitarbeitern ist eine direkte Aufgabe zwischen dem, der Hinweise geben möchte und dem, der sie empfangen soll.

Direkte Ansprache von Mitarbeitern

Das Wort „direkt" ist hier in zweifachem Sinne gemeint:

Zum einen ist mit „direkt" gemeint, Mitarbeiter persönlich anzusprechen und die Kritik nicht bei Kolleginnen oder Kollegen vorzubringen. Kritik muss also „direkt" dort platziert werden, wo sie hingehört – bei der Person, die sie betrifft. So wird Unmut und Widerstand vermieden, weil Kommunikation sich nicht hinter dem Rücken des Betreffenden abspielt. Sekretärinnen können ihren Chef durchaus darauf hinweisen, wenn sie der Ansicht sind, dass ein Kritikgespräch mit einem Teammitglied notwendig ist. Sofern sie – was den Sachverhalt anbelangt – selbst betroffen sind, ist es zunächst ratsam, alleine zu versuchen, den Konflikt beizulegen. Wenn das nicht gelingt, ist es an der Zeit, den Chef zu informieren oder im nächsten Schritt um sein persönliches Eingreifen zu bitten.

Zum anderen heißt „direkt" „sobald wie möglich". Das Thema sollte nicht auf die lange Bank geschoben werden. Die meisten Probleme werden dadurch lediglich zum Dauerproblem und schleichen sich ein. Selten verschwindet unerwünschtes Verhalten von selbst. Je unmittelbarer Kritik angebracht wird, desto nachvollziehbarer ist sie für den Mitarbeiter, weil er sich besser an die Situation erinnern kann.

Angemessener Rahmen

Die Konfrontation vor Dritten ist nicht geeignet. Das fällt auf denjenigen, der die Kritik ausspricht zurück, weil jeder Beteiligte dieses Kommunikationsverhalten ablehnen wird. Eine professionelle Art der Kommunikation besteht in diesem Fall darin, sich mit dem Betroffenen zurückzuziehen und die Tür zu schließen, sich Zeit zu nehmen und zu gewährleisten, dass das Gespräch in Ruhe stattfinden kann.

Orientierung an konkreten Situationen

Der Fokus liegt im Gespräch auf „ZDF" („Zahlen, Daten, Fakten"); durch die Schilderung konkreter Situationen und die Vermeidung von Wertungen und Interpretationen besteht die Möglichkeit zu schildern worum es geht, ohne auf die Situation eskalierend einzuwirken. Es geht um die Beschreibung der Situation lediglich so, *wie sie eine Videokamera hätte filmen können* ohne Verallgemeinerungen.

Welches Verhalten ist gewünscht und gewollt?

Das Ziel ist hier Verständnis darüber zu erzielen, was an Verhalten gewollt und gewünscht ist. So kann man sicher sein, dass der Mitarbeiter wirklich das tut, was man von ihm will. Durch das Äußern konkreter Bitten kann man unmissverständlich ausdrücken, was wichtig ist und warum.

Fragen, ob das Gesagte verstanden wurde

… und zwar nicht drohend: „Haben Sie das jetzt endlich verstanden?", sondern besser in Form einer Nachfrage: „Würden Sie bitte noch einmal wiederholen, was wir gerade besprochen haben? So können wir beide ausschließen, das es erneut zu einem Missverständnis kommt." Wenn Einigkeit über den Sachverhalt besteht, empfiehlt sich die Anschlussfrage, ob der Mitarbeiter noch etwas braucht, damit er das Besprochene auch umsetzen kann: „Brauchen Sie noch etwas, um das umzusetzen?" Damit unterstreicht man die Rolle als Vorgesetzter, der seine Mitarbeiter bei Problemen gerne unterstützt.

Je klarer und präziser der Sender dem Empfänger gegenüber seine Nachricht formuliert, umso größer ist die Chance, dass der Sender das hört, worum es geht. Es ist eine wichtige Erkenntnis, dass Druck niemanden weiterbringt: Druck erzeugt immer Gegendruck! Wenn ein Chef also beim Mitarbeiter Druck erzeugt hat, wird dieser nicht mehr willens sein, motiviert das zu hören, was der Chef von ihm möchte.

Häufig versuchen Menschen, die sich von einem anderen ein verändertes Verhalten wünschen, auf folgende Arten Einfluss zu nehmen: Bewertungen, Vorwürfe, Ermahnungen, Kritik, beschuldigen, beschämen und bestrafen. Dabei ist das Denken darauf gerichtet, was der andere „falsch" macht oder was er „ist", weil er dies oder jenes „tut". Solche Satzanfänge sind für viele Situationen typisch:

- „Du musst endlich mal …"

- „Sie sind … (+ eine Bewertung)"

- „Immer tut er …"

- „Genau wie XY, noch viel schlimmer, so ist es …"

Wer sich in die Empfängerrolle solcher Nachrichten versetzt, dem wird schnell klar, dass die Bereitschaft, das Verhalten zu ändern und zu kooperieren nach einer solchen verbalen Attacke nicht besonders groß sein wird. Der Sender bleibt also mit seinem Anliegen, sein Gegenüber zu erreichen, auf der Strecke. Was also kann man tun, um zu einer grundsätzlich anderen, hilfreicheren Einstellung zu kommen?

- Einerseits die eigenen Bedürfnisse und Anliegen mitteilen, andererseits einfühlend auf die Anliegen und Bedürfnisse des anderen hören.

- Die Aufmerksamkeit verschieben, weg von einer bewertenden und verurteilenden Sprache hin zu einer Sprache, die sich an den Bedürfnissen von mir und dem anderen orientiert.

- Die Anliegen des Anderen genau so wichtig nehmen wie meine eigenen.

Fazit:

Hinter jedem Angriff und hinter jeder unbegründeten, ungerechtfertigten Kritik steckt ein nicht erfülltes Bedürfnis des Kritikers. Der Versuch, dieses Bedürfnis beim anderen zu entdecken und danach/davor seine eigenen Bedürfnisse mitzuteilen, wird die Kommunikationskultur nachhaltig positiv verändern bzw. diese erfolgreich entwickeln.

Mit Sekretärinnen und Assistentinnen steht und fällt der Führungserfolg von Vorgesetzten. Seien Sie mutig.

Viele Vorgesetzte „landen" auf Führungspositionen, weil sie fachlich brillant sind, sich eine Führungslaufbahn als Karriere vorstellen oder in eine Managementposition gedrängt werden – ohne vorher etwas über das Thema Personal- und Teamführung gehört zu haben. Niemand wird hören wollen, dass er in einem bestimmten Bereich Defizite hat. Trotzdem gibt es eine Menge Chefs, die wenig Ahnung von guter Führungsarbeit haben. Eine sozial kompetente Sekretärin oder Assistentin kann Schwachstellen Ihres Chefs im Bereich Führung sehr gut ausgleichen. Wenn sich „die rechte Hand" gut mit Führungsthemen auskennt, wird jeder Chef davon profitieren. Diplomatie, Einfühlungsvermögen und vielleicht auch „charmante Penetranz" durch gezielte Hinweise, was an welchen Stellen verbessert werden kann, sind hier die Stichworte. Mut und Aufrichtigkeit der Führungskraft gegenüber sind dabei unerlässlich, denn nur so kann eine von gegenseitigem Vertrauen und Respekt getragene Beziehung zwischen zwei wichtigen Funktionsträgern der Organisation entstehen: dem Chef und seiner Sekretärin.

Rechtswissen im Sekretariat

Dr. Stephanie Kaufmann-Jirsa

Die wichtigsten Rechte + Pflichten im Office-Management

In nahezu jedem Beruf müssen einige rechtliche Grundlagen bekannt sein, um Aufgaben verantwortungsvoll zu erledigen. Im Sekretariatsbereich ist das ganz besonders der Fall. Sie kommen mit dem Vertragsrecht genauso wie mit dem Arbeitsrecht oder der Zwangsvollstreckung in Berührung. Damit Sie nicht unter Druck geraten und auch diesen Teil Ihrer Aufgaben souverän erledigen können, müssen Sie die wichtigsten Rechte und Pflichten kennen.

So kommt ein Vertrag zustande

Definition Vertrag:

Ein Vertrag ist ein Rechtsgeschäft, in dem mindestens zwei Vertragspartner eine Einigung über eine Rechtsfolge treffen. Der Vertrag kommt zustande durch zwei übereinstimmende Willenserklärungen – nämlich Angebot und Annahme.

Ein Beispiel: Assistentin A hat das Triathlon-Training aufgegeben. Ihr Rennrad bietet sie zum Preis von 500 Euro ihrer sportbegeisterten Kollegin B zum Kauf an. Nach zähen Verhandlungen geht A mit dem Preis herunter auf 350 Euro. Dieses Angebot nimmt B an. Jetzt tritt die Rechtsfolge dieses Rechtsgeschäfts ein: Das Fahrrad wechselt den Besitzer und die Kollegin B schuldet A 350 Euro.

Diese Grundsätze gelten zunächst für jeden Vertrag – gleichgültig, ob Sie in der Firma eine Spedition für die Lieferung einer Ware beauftragen oder privat einen Fernseher kaufen. Das Vertragsrecht kennt verschiedene Arten von Verträgen. Im Wesentlichen lassen sich drei Arten unterscheiden:

- die typischen *Schuldverträge* (Kaufvertrag, Werkvertrag, Dienstvertrag usw.)

- die besonderen *Verträge des Erb- und Familienrechtes* (Erbvertrag, Ehevertrag)

- die *atypischen Verträge* (Leasingvertrag, Franchisingvertrag usw.).

Vertragsvoraussetzungen:
Willenserklärung, Angebot, Annahme, Rechts- und Geschäftsfähigkeit

a) Willenserklärungen, Angebot und Annahme

Sie einigen sich mit Ihrem Vertragspartner, indem Sie beide je eine Willenserklärung mit gleichem Inhalt abgeben. Viele Verträge des täglichen Lebens werden dabei „stumm" abgeschlossen.

Ein Beispiel: Sie stellen Ihre Einkäufe auf das Laufband an der Kasse im Supermarkt und die Kassiererin scannt ein. Der Preis wird Ihnen auf dem Display angezeigt, was gleichzeitig das Angebot an sie darstellt, zu diesem Preis die Waren zu kaufen. Sie bezahlen den Preis und haben damit das Angebot angenommen.

Definition Willenserklärung:

Willenserklärungen sind Erklärungen einer Person, die eine bestimmte Rechtsfolge bezwecken sollen.

Eine Annahme kann also einfach durch ein bestimmtes Verhalten von statten gehen: Sie steigen in den Bus ein und automatisch wird ein Beförderungsvertrag abgeschlossen.

Wichtig: Das heißt nicht, dass Schweigen als eine Vertragsannahme verstanden werden kann. Bloßes Schweigen stellt keine Willenserklärung dar. Hiervon gibt es aber im Geschäftsleben eine Ausnahme.

b) Schweigen als Annahme: Das kaufmännische Bestätigungsschreiben

Das Schweigen auf ein kaufmännisches Bestätigungsschreiben ist ausnahmsweise als Willenserklärung zu verstehen.

Ein Beispiel: Ein Kaufmann schreibt den Inhalt eines bereits mündlich verhandelten Vertrages nieder und sendet das Schreiben an seinen Vertragspartner. Widerspricht dieser dem Geschäft nicht sofort, wird sein Schweigen als Zustimmung gewertet, sodass der Vertrag zu den im kaufmännischen Bestätigungsschreiben beschriebenen Konditionen zustande kommt.

Diese Wirkung tritt nur ein, wenn

- der Empfänger des Schreibens ein Kaufmann ist oder zumindest in größerem Umfang am Geschäftsleben teilnimmt. Achtung: Das kann auch beispielsweise auf Assistentinnen zutreffen, die für den Abschluss bestimmter Verträge zuständig sind und dafür beispielsweise regelmäßig Angebote formulieren usw.

- Der Absender muss zwar kein Kaufmann sein, aber er muss ähnlich einem Kaufmann am Wirtschaftleben teilnehmen. Auch diese Voraussetzung kann eine Sekretärin je nach Aufgabenfeld erfüllen.

- Dem Schreiben müssen Vertragsverhandlungen vorausgehen und es muss zum Ausdruck bringen, dass der Bestätigende von einem bereits erfolgten Vertragsschluss ausgeht.

▨ Es darf sich nicht um eine Auftragsbestätigung handeln.

▨ Das Schreiben muss unmittelbar nach den Vertragsverhandlungen abgeschickt werden und dem Empfänger zugehen.

▨ Wird im Schreiben etwas anderes bestätigt, als zuvor verhandelt wurde, kommt kein Vertrag durch Schweigen zustande.

c) Rechts- und Geschäftsfähigkeit

Wer einen Vertrag abschließen will, muss *rechtsfähig* sein. Wer nicht selbst *geschäftsfähig* ist, kann sich entsprechend vertreten lassen.

Rechtsfähig sind beispielsweise:

▨ natürliche Personen, d. h. jeder Mensch ab Vollendung der Geburt,

▨ eingetragene Vereine (e. V.)

▨ Aktiengesellschaften (AG)

▨ Gesellschaften mit beschränkter Haftung (GmbH)

▨ eingetragene Genossenschaften (eG)

▨ Stiftungen des bürgerlichen Rechts

Eine Aktiengesellschaft kann also Verträge schließen, da der Vorstand aus geschäftsfähigen Personen besteht und dieser die AG vertritt.

Auch mit Minderjährigen kann ein Vertrag abgeschlossen werden. Unter welchen Voraussetzungen dies möglich ist, zeigt die folgende Übersicht:

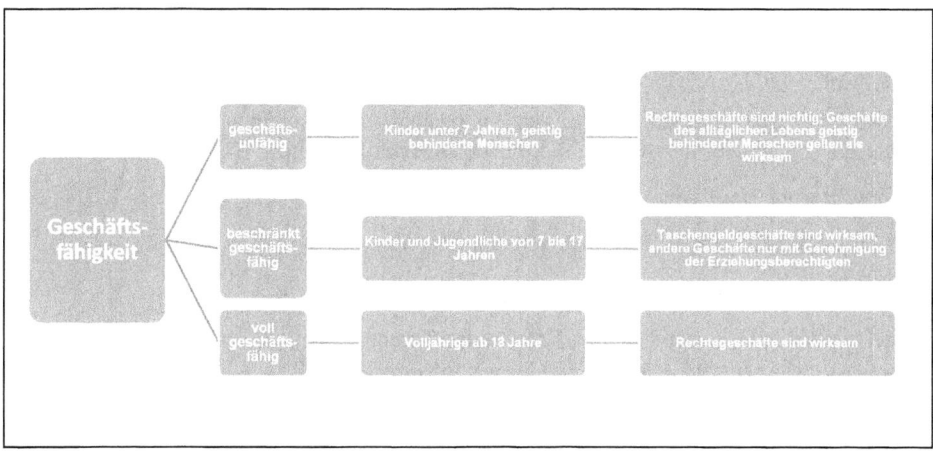

Abbildung 1:   *Unter welchen Voraussetzungen es möglich ist, mit Minderjährigen Verträge abzuschließen*

Besonderheiten des Kaufvertrags

Nicht nur privat, sondern auch im Job ist der Kaufvertrag der am häufigsten auftretende Vertragstyp. Und wenn es Ärger gibt, dann meistens mit den Kaufverträgen.

a) Leistungsstörungen

Ist ein Vertrag zustande gekommen, kann es zu Umständen kommen, aufgrund derer der Vertrag zu spät, schlecht oder gar nicht erfüllt wird. Diese Leistungsstörungen sind Umstände, die die vertragsgemäße Erbringung der Leistung behindern können, so zum Beispiel der Verzug des Lieferanten. Zur ordentlichen Erfüllung des Vertrags gehört, dass die Leistung nach

▓ Ort

▓ Zeit und

▓ Qualität

ordnungsgemäß angeboten wird.

Ein Beispiel: Sie buchen ein Hotelzimmer für Ihren Chef. Die Leistung hat das Hotel erbracht, wenn Ihr Chef ein sauberes Zimmer mit dem gebuchten Komfort für die betreffende Nacht bezieht. Steht das Zimmer unter Wasser, weil es hereingeregnet hat, tritt keine Erfüllung ein, wenn Ihr Chef dankend ablehnt. Das Hotel bleibt weiter zur Leistung verpflichtet.

Es kann jedoch vorkommen, dass eine Leistung trotz erheblicher Mängel angenommen wird. Nimmt der Gläubiger eine solche Leistung an, tritt die Erfüllungswirkung trotzdem ein. Einen Erfüllungsanspruch gibt es dann nicht mehr. Gewährleistungsrechte und Ansprüche wegen Schlechterfüllung kann man aber immer noch geltend machen. Beispielsweise funktioniert in dem von Ihnen gebuchten Hotelzimmer das Heißwasser nicht. Ihr Chef bezieht das Zimmer trotzdem, da in Hannover zur Messezeit keine Alternative zu haben ist.

b) Gewährleistungsrechte

Hat der Verkäufer also schlecht, zu spät, mangelhaft usw., kommen die Gewährleistungsrechte zum Zug. Dafür müssen zwei Voraussetzungen erfüllt sein:

▓ Es liegt ein *Mangel* vor.

▓ Es liegt ein Mangel zum *Zeitpunkt des Gefahrübergangs* vor.

Von einem *Mangel* geht man aus, wenn

▓ der tatsächliche Zustand der Sache von der Beschaffenheit abweicht, die bei Vertragsschluss zwischen Verkäufer und Käufer vereinbart wurde.

▓ der tatsächliche Zustand von der Beschaffenheit abweicht, die dem üblichen oder vertraglich vereinbarten Verwendungszweck entspricht.

Der Verkäufer haftet nur für Mängel, nicht für Verschleiß.

Wichtig: Wird der Mangel innerhalb von sechs Monaten ab Übergabe an den Käufer sichtbar, wird vermutet, dass er bereits bei Übergabe vorhanden war. Bis zu diesem Zeitpunkt muss also der Verkäufer beweisen, dass der Mangel tatsächlich erst später entstand. Danach muss der Käufer beweisen, dass der Mangel zwar erst jetzt sichtbar wurde, jedoch schon bei Übergabe vorlag. Der Käufer muss aber von Anfang an beweisen, dass ein Mangel überhaupt vorgelegen hat. Die *Verjährungsfrist* beträgt insgesamt zwei Jahre.

Die Sache muss im Zeitpunkt des Gefahrenübergangs mit einem Mangel behaftet sein. Der Gefahrenübergang findet normalerweise bei Übergabe statt. Aber: Wenn Sie eine Spedition beauftragen, die eine Sache auf Wunsch des Käufers an einen bestimmten Ort liefert, so geht die Gefahr bereits in dem Moment auf den Käufer über, in dem die Sache der Spedition übergeben wird.

Wichtig: Das gilt nicht, wenn Sie privat (Verbrauchsgüterkauf) als Verbraucher von einem Unternehmer etwas erwerben. Hier geht die Gefahr erst auf Sie als Käufer über, wenn Sie die Sache tatsächlich erhalten.

Tritt ein Mangel an einer Sache auf, hat der Verkäufer die Möglichkeit, die Sache nachzubessern. Es steht ihm frei eine neue, mangelfreie Sache zu liefern oder die defekte zu reparieren. Wenn Ihnen beispielsweise mangelhaftes Büromaterial geliefert wurde, fordern Sie den Verkäufer auf, mangelfreie Ware zu liefern. Was Sie nicht tun sollten: Den Verkäufer anrufen und ihm sagen, dass er seinen „Mist" wieder abholen kann, die Rechnung nicht bezahlen und bei einem anderen Händler einkaufen. Grundsätzlich muss der Käufer vor der Geltendmachung anderer Rechte den Verkäufer auffordern, eine Nacherfüllung bzw. Nachbesserung vorzunehmen. Sämtliche Kosten der Nachbesserung trägt immer der Verkäufer, zum Beispiel Wege-, Transport- oder Arbeitskosten.

Ein Beispiel: Sie fahren 50 Kilometer, um den nächsten Elektro-Discounter zu erreichen. Dort kaufen Sie sich einen Laptop, der bereits nach zwei Wochen den Geist aufgibt. Nun müssen Sie wieder 100 Kilometer fahren, um den Laptop abzugeben und noch einmal, um ihn wieder zu holen. Bei den heutigen Benzinpreisen sollten Sie überlegen, dem Verkäufer Ihre Kosten in Rechnung zu stellen.

Wichtig: Lassen Sie sich bei einer Reklamation nicht an den Hersteller verweisen. Ist Ihre Digitalkamera, die noch keine zwei Jahre alt ist, defekt, muss der Verkäufer sie annehmen. Anhand des Kassenzettels kann er überprüfen, ob die Ware bei ihm gekauft wurde. Sind sie damit einverstanden, sich an den Händler zu wenden, müssen Sie meistens auch noch die Versandkosten selbst tragen. Deshalb: Bleiben Sie hartnäckig.

Tipp:

Händigt man Ihnen einen Bon auf Thermopapier aus, sollten Sie eine Kopie davon machen. Zwei Jahre hält die Schrift auf diesem Papier nämlich nicht.

Die weiteren *Gewährleistungsrechte* können beansprucht werden, wenn folgende Voraussetzungen erfüllt sind.

▨ Der Verkäufer ist trotz *angemessener Nachfrist* seiner Pflicht zur Nacherfüllung nicht nachgekommen. Angemessenheit bedeutet, dass die Dauer der Frist mit dem Aufwand der Nacherfüllung in Einklang steht. Dabei kommt es darauf an, wie dringend der Mangel beseitigt werden muss. Eine kurze Frist von ca. 48 Stunden gilt als angemessen, wenn die Heizung im Winter ausfällt. Anders ist das, wenn Sie eine klemmende Küchenschublade reklamieren.

▨ Die Nacherfüllung ist nach dem *erfolglosen zweiten Versuch* fehlgeschlagen.

▨ Der Verkäufer *verweigert* beide Arten der Nacherfüllung
   (Nachbesserung oder Ersatzlieferung).

▨ Wenn der Verkäufer die Leistung zu einem im Vertrag *bestimmten Termin oder innerhalb einer bestimmten Frist* nicht bewirkt und der Käufer im Vertrag den Fortbestand seines Leistungsinteresses an die Rechtzeitigkeit der Leistung gebunden hat, ist eine Nachfristsetzung entbehrlich. Das heißt: Wenn Sie eine Hochzeitstorte für Ihren Hochzeitstag bestellen und diese wird nicht geliefert, müssen Sie keine Nachfrist mehr setzen.

Wann Sie von einem Vertrag zurücktreten können:

Der Rücktritt zielt auf eine *rückwirkende Auflösung des Vertrages* ab, sodass auch die Leistungsansprüche aus dem Vertrag erlöschen. Bereits erbrachte Leistungen sind zurückzugewähren. **Das Recht auf Rücktritt verjährt innerhalb von zwei Jahren.** Die Frist läuft ab dem Tag, an dem der Käufer die Kaufsache erhalten hat.

Sie können auch mindern: Statt zurückzutreten, kann der Käufer den Kaufpreis *mindern*. Der Preis ist dabei in dem Verhältnis herabzusetzen, wie der Wert der Sache in mangelfreiem Zustand zum tatsächlichen Wert steht. Eine Berechnung wird im Streitfall vom Gericht vorgenommen.

Manchmal gibt es Schadenersatz: Ein Anspruch auf Schadenersatz ist neben Nacherfüllung, Rücktritt oder Minderung möglich, wenn der Verkäufer den *Schaden verschuldet* hat, also zumindest fahrlässig herbeigeführt hat. Neben dem Schaden des Mangels selbst sind auch solche Schäden ersatzfähig, die durch den Mangel der Kaufsache oder auf Grund der Verzögerung der Nacherfüllung an anderen Rechtsgütern des Käufers entstanden sind.

Wichtig: Bei einem Handelskauf – also wenn zwei Kaufleute einen Vertrag schließen – gilt eine besondere *Untersuchungs- und Rügepflicht*. Danach ist der Käufer zur *unverzüglichen Untersuchung bei Wareneingang* verpflichtet. Kommt er dieser Verpflichtung nicht nach, gilt die Ware als genehmigt. Nur bei versteckten Mängeln, die bei der Kontrolle der Ware nicht entdeckt werden konnten, bleiben die Gewährleistungsansprüche bestehen.

c) Was man unter Garantie versteht

Im Gegensatz zur gesetzlichen Gewährleistung ist die Garantie eine *freiwillige Haftungs-übernahme des Herstellers oder Händlers.* Aus diesem Grund kann der Garantiegeber die Garantie auch nach seinem Ermessen gestalten. Meistens haftet der Garantiegeber dafür, dass die Sache eine bestimmte Beschaffenheit aufweist oder für eine bestimmte Dauer keine Mängel aufweisen wird. Anders als die Gewährleistung umfasst dies nicht nur Mängel, die schon bei Übergabe bestanden, sondern auch solche, die nachträglich und sogar auf Grund von Abnutzung oder natürlichem Verschleiß auftreten. Umfang der Garantie und Rechte des Kunden daraus sind allein aus der Garantieerklärung des Unternehmers zu bestimmen. Wenn Sie also neben den oben genannten Gewährleistungsrechten eine Garantie haben möchten, muss diese klar und verständlich formuliert sein und Folgendes enthalten:

▨ Name und Anschrift des Garantiegebers,

▨ Auskunft, für welche Defekte, wie lange und wo sie gilt und

▨ einen Hinweis, dass die gesetzlichen Mängelrechte unabhängig von der Garantie bestehen.

Die Garantie ist jedoch zu Gunsten des Kunden auch dann wirksam, wenn diese Anforderungen nicht eingehalten wurden, wenn zum Beispiel in einem Prospekt oder einer Werbung mündlich etwas versprochen wurde.

Begriffe wie „zusichern", „versprechen" usw. können bereits eine Garantie begründen.

Fazit:

Bei Verträgen – und insbesondere Kaufverträgen – kann unter Kaufleuten vieles ausgeschlossen werden, sodass der Käuferschutz nicht ganz so großzügig ist wie bei einem Verbraucher. Als Verbraucher haben Sie die besseren Rechte: Zwei Jahre beträgt die Verjährung und in den ersten sechs Monaten nach einem Kauf wird zu Ihren Gunsten vermutet, dass ein Mangel schon beim Kauf vorhanden war. Solche Möglichkeiten gibt es im Business meistens nicht.

Vertretung und Vollmacht: Wer was wie unterschreibt

Wenn ein Unternehmen keine Ein-Mann-Show (mehr) ist, ist auch schnell der Zeitpunkt erreicht, dass der Chef nicht mehr alles selbst entscheidet und unterschreibt. Die Geschäftsleitung greift dann zurück auf Vollmachten, die zu unterschiedlichen Handlungen berechtigen. Mit einer Vollmacht erreicht man Folgendes:

▨ Ein Mitarbeiter erhält die Befugnis, bestimmte Geschäfte abschließen zu dürfen (*Innen-verhältnis*) und

▨ er erhält die Möglichkeit, namens und im Auftrag des Unternehmens für dieses rechtlich verbindliche Verträge zu schließen (*Außenverhältnis*).

Diese Vollmachten müssen Sie kennen:

Prokura (ppa)

Die Prokura ist die *umfassendste Bevollmächtigung* für einen Mitarbeiter. Sie ermächtigt den Prokuristen zu allen Geschäften, die der Betrieb des Unternehmens mit sich bringt.

Tipp:

Wird ein neuer Prokurist benannt, sind drei Dinge zu erledigen:
1.   Eine *notarielle Beglaubigung* muss eingeholt werden,
2.   damit der Prokurist in das *Handelsregister eingetragen* werden kann und
3.   die Geschäftspartner sind darüber zum Beispiel mit einem *Rundschreiben* zu informieren.

Der Umfang der Prokura ist gesetzlich festgelegt. Der Prokurist darf alle gerichtlichen und außergerichtlichen Geschäfte und Rechtshandlungen vornehmen, die in irgendeiner Weise mit Gewerbe zu tun haben. Diese Dinge darf der Prokurist allerdings nicht:

▪ das Geschäft auflösen,

▪ das Unternehmen verkaufen,

▪ Gesellschafter aufnehmen,

▪ anderen Prokura erteilen,

▪ die Bilanz unterschreiben.

Wichtig: Nur wer die Prokura hat, verwendet den Unterschriftenzusatz ppa.

Handlungsvollmacht (i. V.; i. A.)

Mit einer Handlungsvollmacht wird die *Art der Vertretungsmacht* eines Mitarbeiters festgelegt. Der Geschäftsinhaber kann den Umfang der Handlungsvollmacht selbst bestimmen. Sie ist meistens weit weniger umfangreich als die Prokura und sie wird nicht ins Handelsregister eingetragen.

Wichtig: Eine mündlich erteilte Handlungsvollmacht ist auch wirksam. Aus Beweisgründen sollte man aber immer die Schriftform wählen.

Bei den Handlungsvollmachten unterscheidet man wie folgt:

▪ *Generalvollmacht:* Sie gilt für alle Geschäfte, die der Betrieb des Unternehmens mit sich bringt. Ausgeschlossen sind zum Beispiel Immobilienkäufe oder -verkäufe, Darlehensgeschäfte usw. Der Generalbevollmächtigte nutzt den Unterschriftenzusatz i. V.

▪ *Gattungs- bzw. Artvollmacht:* Ein Gattungsbevollmächtigter erhält eine Vollmacht für eine bestimmte Art von Geschäft. Häufig erhalten Assistentinnen solche Vollmachten zum Beispiel für das Buchen von Geschäftsreisen oder den Einkauf von Bürobedarf usw. Weitere Artvollmachten sind zum Beispiel die Postvollmacht oder die Bankvollmacht. Der Gattungsbevollmächtigte verwendet den Unterschriftenzusatz i. A.

■ *Einzelvollmacht:* Diese Vollmacht berechtigt zu ganz bestimmten – meist einmaligen – Geschäften und erlischt anschließend wieder. Auch hier wird der Unterschriftenzusatz i. A. verwendet.

Die beste Lösung: Eine Unterschriftenregelung

Mit einer Unterschriftenregelung wird für alle im Betrieb festgelegt, wer was mit welchem Zusatz unterschreibt. Damit sind Sie in Sachen Haftung auf der sicheren Seite: Gibt es Ärger nach einem Geschäftsabschluss, haftet das Unternehmen, wenn es eine Unterschriftenregelung gibt und diese bis auf das Weglassen des Zusatzes richtig umgesetzt wurde. Gibt es keine solche Regelung und Sie unterzeichnen zum Beispiel ganz selbstverständlich alles mit dem Zusatz i. A., kann das Unternehmen gegen Sie u. U. Schadenersatzansprüche geltend machen.

Muster: Betriebliche Unterschriftenregelung

An alle Arbeitnehmer der Firma ...,

für alle Briefe und sonstige Schriftstücke, die extern an Dritte gerichtet sind, werden folgende Regeln bzgl. der Unterschriften festgelegt:

1. Je nach Vollmacht, die dem einzelnen Arbeitnehmer erteilt wurde, werden die folgenden Unterschriftenzusätze verwendet:

▸ **Geschäftsführer unterschreiben ohne Zusatz,**
▸ **Prokuristen unterschrieben mit dem Zusatz ppa.,**
▸ **Handlungsbevollmächtigte unterschreiben mit i. V.,**
▸ **alle anderen Mitarbeiter unterschreiben mit i. A.**

2. Die Zeichnungsbefugnis ist auf das vereinbarte und festgelegte Aufgabegebiet des einzelnen Arbeitnehmers beschränkt.

3. Alle Briefe und sonstige Schriftstücke an externe Dritte müssen von zwei Arbeitnehmern unterschrieben werden. Diesbzgl. gelten folgende Grundsätze:

▸ **Die zweite Unterschrift hat der jeweilige Vorgesetzte zu leisten.**
▸ **Der in der Hierarchie übergeordnete unterschreibt auf der linken Seite, der andere Arbeitnehmer rechts daneben.**
▸ **Der für den Inhalt Verantwortliche unterschreibt auf der linken Seite für den Fall, dass beide Arbeitnehmer über die gleiche Vollmacht verfügen.**

Ort, Datum, Unterschrift Arbeitgeber

Persönlich, **vertraulich** usw.: Wer welche Post öffnen darf

Immer wieder kommen Briefe im Betrieb an, die wie folgt adressiert sind:

Herrn
Professor Hans Schlaf
Trödel AG
...

Steht nur der Name des Empfängers vor dem Firmennamen, ist der Brief nicht persönlich adressiert und darf von anderen Personen im Unternehmen geöffnet werden. Dasselbe gilt für Briefe, die zuerst den Firmennamen und dann die Person oder nur die Person nennen. Wer sicherstellen will, dass geschäftliche Post nur von einem bestimmten Empfänger geöffnet wird, muss die Adresse um den Vermerk „Persönlich" oder „Vertraulich" ergänzen. Ein wie folgt adressierter Brief dürfte nur von Herrn Schlaf persönlich geöffnet werden:

Persönlich
Herrn Proessor. Hans Schlaf
Trödel AG
...

Das Landesarbeitsgericht Hamm hat in seinem Urteil (LAG Hamm, Urteil vom 19.2.2003, Az: 14 Sa 1972/02) klargestellt, dass das *Briefgeheimnis* und das *Persönlichkeitsrecht* des einzelnen nicht verletzt ist, wenn Post, die an eine Person und eine Firma gerichtet ist, zum Beispiel in der Poststelle geöffnet wird. Etwas anderes gilt nur dann, wenn aus der Postsendung durch *Zusatzvermerke* eindeutig erkennbar ist, dass die Postsendung ausschließlich an eine Person persönlich gerichtet ist.

Fazit:

Prüfen Sie, ob es in Ihrem Unternehmen eine Regelung gibt, nach der die Post zu öffnen ist. Wenn nicht, sollten Sie nur die Post öffnen, die keinen Vertraulichkeitsvermerk wie zum Beispiel „Persönlich" oder „Vertraulich" trägt. Berücksichtigen Sie das auch dann, wenn Sie selbst Ihre Post adressieren.

Formvorschriften:
Was für Rechnung, Geschäftspapier und E-Mails gilt

Immer wieder kommt es zu Streitigkeiten darüber, was auf einem Geschäftspapier bzw. einer E-Mail vermerkt sein muss. Dabei können Fehler in diesem Bereich teuer zu stehen kommen, denn „Abmahnprofis" warten nur darauf, eine solche Unzulänglichkeit zu entdecken und abzumahnen. Die Pflichtangaben für die Geschäftspapiere richten sich nach der Rechtsform des Kaufmanns bzw. des Unternehmens.

Das gilt für die GmbH-Geschäftspost

Unter einem Geschäftsbrief versteht man alle von einem Unternehmen ausgehenden schriftlichen Mitteilungen, die die geschäftliche Betätigung gegenüber Dritten betreffen und an einen bestimmten Empfänger gerichtet sind. Gemeint sind damit auch Postkarten, E-Mails, Faxe, Preislisten, Lieferscheine, Auftragsbestätigung, Bestellscheine usw. Nicht zu den Geschäftsbriefen gehören zum Beispiel schriftliche Mitteilungen an die Gesellschafter (Einberufung der Gesellschafterversammlung) oder Mitteilungen an einen unbestimmten Personenkreis (Postwurfsendungen, Werbeflyer).

GmbHs sind gesetzlich zur Aufnahme folgender Angaben auf ihren Geschäftsbriefen verpflichtet:

- Firma

- Rechtsformzusatz (GmbH)

- Sitz der Gesellschaft

- Registergericht des Sitzes

- Handelsregisternummer

- Namen aller Geschäftsführer (Nachname und mindestens ein ausgeschriebener Vorname)

- Familienname und ein ausgeschriebener Vorname des Vorsitzenden des Aufsichtsrates, sofern ein Aufsichtsrat vorhanden ist

Sollten Sie Zweifel haben, ob es sich bei einem bestimmten Schriftstück nun um einen Geschäftsbrief handelt, auf dem alle o. g. Angaben zu machen sind, dann entscheiden Sie sich besser dafür, diese Angaben zu machen. Denn: Wer auf Geschäftsbriefen nicht die erforderlichen Angaben macht, kann hierzu vom Registergericht angehalten werden – und zwar mit der Festsetzung eines Zwangsgeldes von bis zu 5.000 Euro.

Das gilt für die GmbH-Rechnungen

Die Rechnung muss folgende Pflichtangaben enthalten:

- vollständiger Name und Anschrift des leistenden Unternehmers

- vollständiger Name und Anschrift des Leistungsempfängers

- vom Finanzamt erteilte Steuernummer oder Umsatzsteuer-Identifikationsnummer des leistenden Unternehmers

- Ausstellungsdatum

- Rechnungsnummer (fortlaufend)

- Menge und Art der gelieferten Gegenstände bzw. Art und Umfang der Leistung

- Zeitpunkt der Lieferung oder sonstigen Leistung (Monatsangabe reicht)

- Entgelt, nach Steuersätzen und Steuerbefreiungen aufgeteilt und darauf entfallender Steuerbetrag

- im Voraus vereinbarte Minderungen des Entgelts wie Rabatte, Boni, Skonti etc.

- anzuwendender Steuersatz (19 Prozent oder 7 Prozent) oder im Fall einer Steuerbefreiung entsprechender Hinweis

Für *Kleinbetragsrechnungen,* deren Gesamtbetrag 150 Euro nicht übersteigt, gelten weniger strenge Anforderungen. Es genügen folgende Angaben:

- vollständiger Name und Anschrift des leistenden Unternehmers

- Ausstellungsdatum

- Menge und Art der gelieferten Gegenstände bzw. Art und Umfang der Leistung

- Entgelt und darauf entfallender Steuerbetrag in einer Summe (= Gesamtbetrag)

- anzuwendender Steuersatz (19 Prozent oder 7 Prozent) bzw. im Fall einer Steuerbefreiung entsprechender Hinweis

Kleinbetragsrechnungen müssen keine fortlaufende Rechnungsnummer enthalten.

Das gilt für GmbH-E-Mails

Für geschäftliche E-Mails oder andere elektronische Schreiben gelten dieselben gesetzlichen Formvorschriften wie für Geschäftsbriefe in Papierform. Angaben über die Rechtsform und den Ort der Handelsniederlassung, das Registergericht und die Handelsregisternummer müssen bei jeder geschäftlichen Korrespondenz unbedingt angegeben werden. In E-Mails, die als Geschäftsbriefe an einen bestimmten Empfänger gerichtet sind (z. B. Angebote, Rechnungen, Quittungen, Bestell- und Lieferscheine) müssen dieselben Angaben enthalten sein, wie auf Schreiben in Papierform. Die Regelung gilt für alle Firmen, die im Handelsregister eingetragen sind. Die Pflichtangaben für die geschäftlichen E-Mails unterscheiden sich – wie bei den Pflichtangaben für Schreiben in Papierform – nach der Rechtsform des Kaufmanns oder Unternehmens. Immer angegeben werden müssen in einer gewerblichen E-Mail die Firma mit Rechtsform, der Ort der Handelsniederlassung, das zuständige Registergericht und die Handelsregisternummer. Bei einer GmbH sind zusätzlich alle Geschäftsführer mit ausgeschriebenem Familiennamen und mindestens einem Vornamen zu nennen. Hat die GmbH einen Aufsichtsrat, ist dieser in derselben Form zu nennen.

Wichtig: Ein Link auf das Impressum der Webseite des Kaufmanns oder Unternehmens reicht nicht aus.

Das gilt für die Geschäftspost einer AG

Nicht nur bei der GmbH, auch bei der AG sind spezielle Anforderungen an die Geschäftspapiere gestellt. Der Begriff „Geschäftspapiere" umfasst auch hier den gesamten externen Schriftwechsel des Gewerbetreibenden an einen bestimmten Empfänger. Auf die Art der

Übermittlung kommt es nicht an, sodass auch in per Fax oder *E-Mail* übermittelten Geschäftsbriefen folgende Angaben gemacht werden müssen:

▨ Rechtsform der Gesellschaft (AG)

▨ Sitz der Gesellschaft (z. B. Starnberg)

▨ Registergericht des Sitzes der Gesellschaft (z. B. Amtsgericht Starnberg)

▨ Nummer, unter der die Gesellschaft in das Handelsregister eingetragen ist (z. B. HRB 100)

▨ alle Vorstandsmitglieder mit ihrem Familiennamen und mindestens einem ausgeschriebenen Vornamen

▨ der Vorsitzende des Vorstandes (als solcher kenntlich zu machen)

▨ der Vorsitzende des Aufsichtsrats mit seinem Familiennamen und mindestens einem ausgeschriebenen Vornamen

Auf *Rechnungen* – nicht auf sonstigen Geschäftsbriefen – muss neben den o. g. Angaben auch die vom Finanzamt erteilte Steuernummer angeben werden.

Das gilt für Einzelkaufleute

Der Geschäftsbrief eines Einzelkaufmanns muss Folgendes enthalten:

▨ vollständige Firma in Übereinstimmung mit dem im Handelsregister eingetragenen Wortlaut

▨ Rechtsformzusatz „eingetragener Kaufmann", „eingetragene Kauffrau" bzw. eine allgemein verständliche Abkürzung (z. B. e. K.; e. Kfm.; e. Kfr.),

▨ Ort der Handelsniederlassung,

▨ Registergericht des Sitzes und die Handelsregisternummer.

Fazit:

Überprüfen Sie Geschäftspapiere, Rechnungsformulare usw. regelmäßig und gleichen Sie diese mit den entsprechenden Bestimmungen ab. Informationsmaterial hierzu erhalten Sie auch bei der zuständigen IHK bzw. HWK.

Mahnung und Vollstreckung: So kommt man ans Geld

Mit säumigen Zahlern müssen sich viele Assistentinnen herumschlagen. Mit den folgenden Tipps kommen Sie zunächst gut durchs *außergerichtliche Mahnverfahren.*

Das außergerichtliche Mahnverfahren

Die Fälligkeit einer Rechnung bedeutet, dass ab diesem Zeitpunkt der Rechnungsbetrag zu zahlen ist. Achten Sie deshalb darauf, dass bereits bei Rechnungslegung, spätestens aber mit der Mahnung, Vorkehrungen getroffen werden, die den Schuldner möglichst bald in *Verzug* setzen. Denn während der Dauer des Verzuges ist der Schuldner für jegliche Verzugsschäden, die sich aus der verspäteten Zahlung ergeben, ersatzpflichtig. Befindet sich kein konkretes *Zahlungsziel* auf der Rechnung, so gerät der Schuldner erst dann in Verzug, wenn er eine *schriftliche Mahnung* erhält. Ein Schuldner gerät *„automatisch"* in Verzug, wenn er 30 Tage nach Fälligkeit und Zugang der Rechnung keine Zahlung geleistet hat. Zur Bestimmung dieser Frist ist es erforderlich, das genaue Datum des Zugangs der Rechnung beim Schuldner zu kennen. Hierfür bietet es sich an, die Rechnung zu überreichen und dies zu dokumentieren. Ist der Geschäftspartner ein Verbraucher – also kein Kaufmann, GmbH usw. – muss sich in der Rechnung ein Hinweis darauf befinden, dass er bei Nichtzahlung innerhalb von 30 Tagen automatisch in Verzug gerät.

Muster:

„Der Gesetzgeber verpflichtet uns darauf hinzuweisen, dass Sie ohne weitere Mahnung in Verzug geraten, wenn diese Rechnung nicht innerhalb von 30 Tagen nach Erhalt beglichen wird."

Das gerichtliche Mahnverfahren

Wenn die außergerichtlichen Erinnerungen und Mahnungen erfolglos bleiben, müssen Sie das Geld gerichtlich einfordern. Zum einen lässt sich nur über den Gerichtsweg der Anspruch realisieren, zum anderen können Sie den Eintritt der Verjährung verhindern, wenn Sie einen Titel erwirken. Ihnen stehen hierfür zwei Wege offen:

- Sie leiten das gerichtliche Mahnverfahren ein oder

- Sie erheben Klage.

Das gerichtliche Mahnverfahren ist einfacher, zeitsparender und kostengünstiger gegenüber einer Klageerhebung und kann problemlos auch ohne anwaltliche Hilfe durchgeführt werden. Das entsprechende Formular, das ausgefüllt werden muss, erhalten Sie unter www.online-mahnantrag.de. Dort finden Sie auch weiterführende Hinweise, die für Ihr Bundesland gelten. Bei erfolgreichem Abschluss des gerichtlichen Mahnverfahrens erhalten Sie einen gegen den Schuldner ausgestellten *Vollstreckungsbescheid.* Bei erfolgreichem Abschluss eines Klage-verfahrens bekommen Sie ein Urteil. Beides sind sogenannte Titel, mit denen Sie die Zwangsvollstreckung durchführen können.

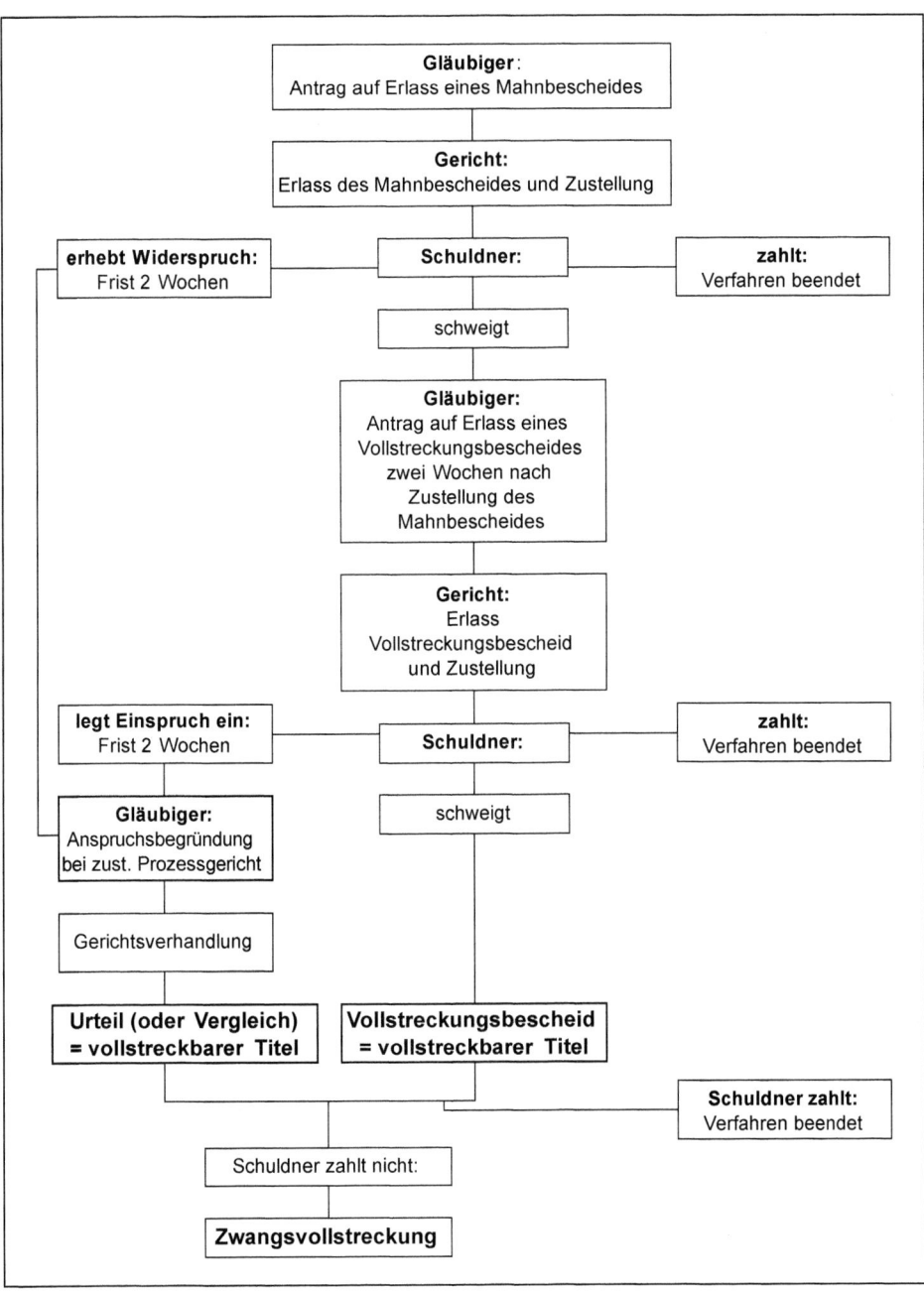

Abbildung 2:   *Übersicht über das gerichtliche Mahnverfahren*

Die Zwangsvollstreckung

Sobald Ihnen ein *vollstreckbarer Titel* (Vollstreckungsbescheid oder rechtskräftiges Urteil) vorliegt, stellen Sie beim Amtsgericht, bei dem der Schuldner seinen Wohnsitz hat, einen Antrag auf Durchführung der Zwangsvollstreckung. Das Gericht leitet den Antrag an den zuständigen Gerichtsvollzieher weiter, der dann die Zwangsvollstreckung vornimmt. Oft verhält es sich leider so, dass der Gerichtsvollzieher keine Möglichkeiten zur Zwangsvollstreckung vorfindet und deshalb dem Gläubiger eine *Unpfändbarkeitsbescheinigung* übersendet. Wenn Sie keine weiteren Kenntnisse über die Verhältnisse des Schuldners haben und zum Beispiel nicht den Arbeitgeber, die Bankverbindung usw. kennen, können Sie beim Amtsgericht den Antrag zur Ladung zur Abgabe der *eidesstattlichen Versicherung* (früher: Offenbarungseid) stellen. Der Schuldner muss dann seine Vermögensverhältnisse offenbaren und beeiden, dass diese Auskünfte der Wahrheit entsprechen (Vermögensverzeichnis).

Fazit:

Das Mahn- und Vollstreckungsverfahren ist langwierig. Wenn Sie die Möglichkeit haben, dann geben Sie nach einem außergerichtlichen Mahnverfahren, das nicht erfolgreich war, die Sache an einen *Rechtsanwalt* ab, der im weiteren Verfahren die Fristen und Formvorschriften beachtet.

Arbeitsrecht: Das gilt für die Arbeitsverhältnisse

Die Aufgaben rund um die Arbeitnehmer gehören zu den sensibelsten und wichtigsten im Unternehmen. Eine verantwortungsvolle Assistenz erfordert aktuelles Know-how in diesem Bereich. Sie müssen sich arbeitsrechtlich auskennen, um den Chef aktiv zu unterstützen und um im Unternehmen kompetent zu kommunizieren.

Das diskriminierungsfreie Bewerbungsverfahren

Selbstverständlich müssen alle Bereiche des Unternehmens diskriminierungsfrei sein. Im Bewerbungsverfahren gilt das aber im besonderen Maße, da das Unternehmen sich mit Stellenanzeigen, Zwischenbescheiden, Absagen usw. nach außen präsentiert. Sollte ein Bewerber während des Verfahrens diskriminiert werden, kann er hieraus zwar keinen Einstellungsanspruch ableiten, er kann aber immerhin *Schadenersatzforderungen* geltend machen. Um dies zu vermeiden und um in der Öffentlichkeit zu zeigen, dass es sich um ein diskriminierungsfreies Unternehmen handelt, müssen zunächst die Stellenausschreibungen diskriminierungsfrei formuliert sein.

a)   Die korrekte Stellenausschreibung

Die Ausschreibung darf also nicht gegen das Allgemeine Gleichbehandlungsgesetz (AGG) verstoßen. Die Stellenausschreibung darf weder unmittelbar noch mittelbar an ein Benachteiligungsmerkmal des § 1 AGG anknüpfen:

- Rasse,

- ethnische Herkunft,

- Geschlecht,

- Religion oder Weltanschauung,

- Behinderung,

- Alter und

- sexuelle Identität.

Ausnahmsweise darf eine Stellenausschreibung an ein Diskriminierungsmerkmal des § 1 AGG anknüpfen, wenn es sich dabei um eine *positive Maßnahme* (§ 5 AGG) handelt. Mit einer positiven Maßnahme sollen bestehende Nachteile wegen eines der Diskriminierungsmerkmale ausgeglichen werden.

Ein Beispiel: Ein Unternehmen stellt fest, dass keine Frauen in den Führungsetagen arbeiten und schreibt deshalb in die Stelle „Leiter/in Einkauf" hinein, dass bevorzugt Frauen eingestellt werden. Oder ein Unternehmen will bevorzugt Behinderte einstellen, da die Quote noch nicht erfüllt ist.

Darüber hinaus kann eine unterschiedliche Behandlung wegen beruflicher Anforderungen auch bei der Ausschreibung möglich sein.

Tipp:

Zulässige Ausschreibungstexte wären zum Beispiel:

▸ **Männliches Model für Herrenmodenschau gesucht.**
▸ **Theater sucht Schauspielerin für eine weibliche Rolle.**
▸ **Für das Vorstandssekretariat wird jemand gesucht, der die deutsche Sprache in Wort und Schrift beherrscht.**
▸ **Für die Leitung der Vertriebsabteilung wird jemand mit zehnjähriger Berufserfahrung gesucht.**

Unzulässige Ausschreibungstexte wären zum Beispiel:

▸ **Gesucht wird junger, kräftiger Mann für Transportarbeiten.**
▸ **Für die Damenoberbekleidung im Kaufhaus wird eine christliche Verkäuferin gesucht.**
▸ **Ein Verlag sucht einen Redakteur arischer Herkunft.**

---

b) Der korrekte Zwischenbescheid

Spätestens nach zwei Wochen sollten die Einladungen zum Vorstellungsgespräch oder die Absagen versendet werden. Dies zu realisieren ist nicht immer möglich, da oft sehr viele

Bewerbungen eingehen. In diesem Fall sollten Sie den Bewerbern einen Zwischenbescheid zukommen lassen. Sie bestätigen damit den Eingang der Bewerbung und können den weiteren Ablauf schildern. Außerdem können Sie in diesem Zwischenbescheid den zuständigen Ansprechpartner im Unternehmen benennen, falls dies gewünscht ist.

Muster Zwischenbescheid

Gebr. Schlau GmbH

...

Herrn/Frau

... ...

                                                                    Datum ....

Ihre Bewerbung vom ...

Sehr geehrte/r Herr/Frau ...,

wir danken Ihnen für die Zusendung Ihrer Bewerbungsunterlagen und das damit gezeigte Interesse an der ausgeschriebenen Position in unserem Unternehmen.

Ihre Bewerbungsunterlagen werden von uns sorgfältig auf den möglichen Einsatz in unserem Unternehmen geprüft. Wir bitten Sie daher um Verständnis, dass wir Ihnen erst nach dem ... eine Entscheidung mitteilen können.

Sollten Sie in der Zwischenzeit Fragen haben, freuen wir uns jederzeit über Ihren Anruf. Wenden Sie sich in diesem Fall bitte an Frau/Herrn ...

Mit freundlichen Grüßen

Unterschrift

---

c) Die korrekte Absage

Eines ist sicher: Es ist vorbei mit einfühligen und besonders freundlichen Absagen, die jede Menge Angriffsfläche bieten. Eine Absage darf nunmehr nur noch eines sein: sachlich! Statt persönlicher Absageschreiben sind jetzt Standardfloskeln gefragt. Bei Nachfragen am Telefon sollten Sie sich bedeckt halten, statt Rede und Antwort zu stehen.

Abgelehnte Bewerber können klagen, wenn sie sich erfolgreich auf Diskriminierung berufen können. Beachten Sie dabei Folgendes:

- Das Verschulden des Arbeitgebers wird dabei stets vermutet.

▨ Der Arbeitgeber muss nachweisen, dass ein etwaiger Verstoß gegen das Benachteiligungsverbot unverschuldet war.

▨ Er muss nachweisen, dass der abgelehnte Bewerber die Auswahlkriterien nicht bzw. nicht so gut, wie andere Bewerber erfüllt hat.

Wichtig: Der Anspruch des Bewerbers unterliegt einer Frist: Er muss binnen zwei Monaten schriftlich geltend gemacht werden.

Dokumentieren Sie das Auswahlverfahren akribisch. Jede positive Entscheidung sollte gut begründet und dokumentiert werden. Für alle Mitarbeiter, die nicht berücksichtigt wurden, sollte es eine – ebenso dokumentierte – Begründung geben, möglichst anhand von Unterlagen, aus denen sich die geringere Qualifikation, wie zum Beispiel aus einem Zeugnis oder einer fehlenden Weiterbildung usw. ergeben. Bewahren Sie alle Unterlagen von allen Bewerbern auf. Vertretbar ist ein Aufbewahrungszeitraum bis zum Ablauf der Ausschlussfrist von zwei Monaten. Kommt es zum Streit, dürfen Sie die Unterlagen noch länger aufbewahren.

Lassen Sie sich schon im Vorfeld schriftlich das *Einverständnis* des Bewerbers für eine längere Aufbewahrungszeit geben.

Muster Absage

„…

Wir danken Ihnen noch einmal für Ihre Bewerbung und für Ihr Interesse an einer Mitarbeit in unserem Unternehmen. Zwischenzeitlich haben wir die ausgeschriebene Stelle anderweitig besetzt. …"

Die Kündigung des Arbeitsverhältnisses

Kündigungen sind eine unangenehme Sache und nicht selten wird die Assistentin dabei um Unterstützung gebeten. Gehen Sie und Ihr Chef hierbei nicht rechtswirksam vor, ist ein Termin vor dem Arbeitsgericht schon fast sicher. Muss einem Mitarbeiter gekündigt werden, sollte Ihr Ablaufplan wie folgt aussehen:

Alternativen prüfen

Prüfen Sie zunächst, ob das Arbeitsverhältnis nicht doch fortgesetzt werden kann und es Alternativen zur Kündigung gibt. Das kann beispielsweise eine *Abmahnung* sein. Vielleicht reicht auch ein *klärendes Gespräch*. Bestehen keine Chancen mehr, sollte das Thema *Aufhebungsvertrag* diskutiert werden. Vielleicht kann man sich einvernehmlich trennen.

Keine milderen Maßnahmen

Eine Kündigung hat sehr einschneidende Folgen für einen Arbeitnehmer. Deshalb darf sie nur das letzte Mittel sein, was dem Arbeitgeber noch bleibt. Alle milderen Maßnahmen müssen ausgeschlossen sein. Sollte eine *Änderungskündigung* möglich sein, müssen Sie zunächst diesen Weg wählen. Dies bedeutet, dass das Arbeitsverhältnis des Mitarbeiters zwar gekündigt wird, dem Mitarbeiter aber gleichzeitig mit der Kündigung die Fortsetzung des Arbeitsverhältnisses zu geänderten Arbeitsbedingungen angeboten wird.

Kündigungsverbote sind zu beachten

Es gibt Kündigungsverbote: Prüfen Sie deshalb, ob der Arbeitnehmer in *Elternzeit* ist, eine *Schwangerschaft* angezeigt wurde oder der Arbeitnehmer *Mitglied des Betriebsrats* ist. Trotz eines solchen Kündigungsverbots bleibt eine *fristlose Kündigung aus wichtigem Grund* möglich. Dafür muss es aber Gründe geben.

Ein Beispiel: Eine Schwangere unterschlägt die Tageseinnahmen.

Der besondere Kündigungsschutz ist zu beachten

Beachten Sie den besonderen Kündigungsschutz, den zum Beispiel Schwerbehinderte haben. Hier ist das *Integrationsamt* einzuschalten.

Was nach dem Kündigungsschutzgesetz gilt

Prüfen Sie, ob Kündigungsschutz nach dem Kündigungsschutzgesetz (KSchG) besteht. Wenn ja, muss die Kündigung *sozial gerechtfertigt* sein. Es muss also ein Kündigungsgrund im Sinne des KSchG vorliegen. Handelt es sich um eine betriebsbedingte Kündigung, müssen Sie eine *Sozialauswahl* vornehmen. Ob das Kündigungsschutzgesetz auf ein Arbeitsverhältnis Anwendung findet, hängt von der Größe des Betriebes und vom Beginn des Arbeitsverhältnisses ab.

- Hat das Arbeitsverhältnis am 1. Januar 2004 oder danach begonnen, findet das Kündigungsschutzgesetz Anwendung, wenn in dem Betrieb in der Regel mehr als zehn Arbeitnehmer (ausschließlich der Auszubildenden) beschäftigt sind.

- Hat das Arbeitsverhältnis bereits am 31. Dezember 2003 bestanden, findet das Kündigungsschutzgesetz Anwendung, wenn in dem Betrieb am 31. Dezember 2003 in der Regel mehr als fünf Arbeitnehmer (ausschließlich der Auszubildenden) beschäftigt waren, die zum Zeitpunkt der Kündigung des Arbeitsverhältnisses noch im Betrieb beschäftigt sind. Arbeitnehmer, die nach dem 31. Dezember 2003 neu eingestellt worden sind, werden hierbei nicht mitgezählt.

- Kündigungsschutz besteht außerdem nur dann, wenn der Mitarbeiter in Ihrem Unternehmen seit mindestens sechs Monaten unterbrechungsfrei beschäftigt ist.

Verschiedene Arten der Kündigung:

Personenbedingte Kündigung: Bei einem personenbedingten Kündigungsgrund erfolgt die Kündigung aufgrund persönlicher Eigenschaften und mangelnder Fähigkeiten des Arbeitnehmers. Personenbedingte Kündigungsgründe können zum Beispiel sein: Fehlende Arbeitserlaubnis, mangelnde Leistungsfähigkeit, Ungeschicklichkeit, Alkoholkrankheit usw.

Verhaltensbedingte Kündigung: Verhaltensbedingte Kündigungsgründe können zum Beispiel Zuspätkommen, Straftaten, Alkoholmissbrauch, Wettbewerb zum Arbeitgeber, Arbeitsverweigerung, Fehlleistungen, eigenmächtiger Urlaubsantritt usw. Wichtig: Meistens ist eine Abmahnung vor der Kündigung erforderlich.

Betriebsbedingte Kündigung: Betriebsbedingte Kündigungsgründe liegen beispielsweise vor bei Absatzschwierigkeiten, Aufgabe des Betriebs, Auftragsmangel, Wegfall einer Arbeitsstelle usw. Wichtig: Bei betriebsbedingten Kündigungen muss vorab eine Sozialauswahl durchgeführt werden.

Wirksame Abmahnung muss meistens vorausgehen

Im Falle einer verhaltensbedingten Kündigung müssen Sie prüfen, ob eine wirksame Abmahnung bereits erteilt wurde. In besonders schwerwiegenden Fällen kann eine Abmahnung entbehrlich sein. In der Abmahnung muss Folgendes deutlich gemacht werden:

- Der Sachverhalt muss detailliert beschrieben werden. Allgemeine Vorwürfe reichen nicht aus. *Beispiel:* „… Sie haben am …, um … Uhr mehrere Gläser Wein an Ihrem Arbeitsplatz getrunken, obwohl in unserem Betrieb ein Alkoholverbot besteht …"

- Das Fehlverhalten muss beanstandet werden. *Beispiel:* „… Sie verletzten mit diesem Verhalten Ihre arbeitsvertraglichen Pflichten …"

- Fordern Sie auf, das Verhalten zu korrigieren. *Beispiel:* „… Den Konsum von alkoholischen Getränken können wir nicht dulden. Wir erwarten deshalb von Ihnen, jeden Genuss von alkoholischen Getränken in unserem Betrieb unverzüglich zu unterlassen …"

- Drohen Sie unmissverständlich mit arbeitsrechtlichen Konsequenzen: „… Im Wiederholungsfall oder bei vergleichbaren arbeitsvertraglichen Pflichtverletzungen sehen wir uns zu unserem Bedauern gezwungen, das Arbeitsverhältnis zu kündigen …"

Fristlose Kündigungen unterliegen sehr hohen Anforderungen: Soll fristlos gekündigt werden? Hier liegt die Messlatte besonders hoch.

Wenn Sie fristlos kündigen, dann erklären Sie gleichzeitig hilfsweise die ordentliche – also fristgerechte – Kündigung. Beispiel: „*… Sehr geehrte Frau Meier, hiermit kündigen wir Ihr Arbeitsverhältnis fristlos, hilfsweise ordentlich, zum 31. Mai 2009 …*"

Zunächst muss ein *wichtiger Grund* vorliegen, der geeignet ist, eine fristlose Kündigung zu rechtfertigen. Der ist nur dann gegeben, wenn dem Arbeitgeber unter Berücksichtigung der Interessen beider Seiten die Fortsetzung des Arbeitsverhältnisses bis zum Ablauf der Kündigungsfrist nicht zugemutet werden kann. Das kann zum Beispiel der Fall sein, wenn ein Arbeitnehmer eine Straftat im Betrieb begangen hat. Zudem muss die Kündigung innerhalb einer *Frist von zwei Wochen* erfolgen, nachdem der Arbeitgeber vom Sachverhalt erfahren hat.

So berechnen Sie die Kündigungsfrist

Bei der ordentlichen Kündigung müssen in jedem Fall die gesetzlichen bzw. vertraglich vereinbarten Kündigungsfristen eingehalten werden. Was im Vertrag steht hat Vorrang. Deshalb: Prüfen Sie zunächst, ob im Arbeitsvertrag eine besondere Frist geregelt ist. Wenn nicht, dann gelten die gesetzlichen Fristen, es sei denn, in Ihrem Betrieb findet ein Tarifvertrag Anwendung, der die Kündigungsfristen regelt.

Wichtig: Während der Probezeit beträgt die gesetzliche Kündigungsfrist nur zwei Wochen.

Beschäftigungsdauer	Kündigungsfrist
weniger als 2 Jahre	4 Wochen zum 15. oder zum Ende eines Kalendermonats
2 Jahre	1 Monat zum Ende eines Kalendermonats
5 Jahre	2 Monate zum Ende eines Kalendermonats
8 Jahre	3 Monate zum Ende eines Kalendermonats
10 Jahre	4 Monate zum Ende eines Kalendermonats
12 Jahre	5 Monate zum Ende eines Kalendermonats
15 Jahre	6 Monate zum Ende eines Kalendermonats
20 Jahre	7 Monate zum Ende eines Kalendermonats

Abbildung 3:   *Übersicht über gesetzliche Kündigungsfristen*

Betriebsratsanhörung nicht vergessen

Vor jeder Kündigung eines Mitarbeiters muss der Betriebsrat ordnungsgemäß angehört werden. Aus Beweisgründen sollte die Anhörung immer schriftlich erfolgen. Unterbleibt die Anhörung, ist eine Kündigung schon allein aus diesem Grund unwirksam. Gleiches gilt, wenn die Anhörung nicht ordnungsgemäß erfolgt ist.

Das muss dem Betriebsrat mitgeteilt werden:

- Personaldaten des Mitarbeiters
- Sozialdaten des Mitarbeiters: Alter, Familienstand, Zahl der Kinder, Unterhaltspflichten
- Betriebszugehörigkeit
- Sonderkündigungsschutz (Schwerbehinderung, Schwangerschaft usw.)
- Art der Kündigung
- Kündigungsgrund
- Kündigungszeitpunkt
- gegebenenfalls Änderungsangebot

- Kündigungsfrist

- Kündigungstermin

- gegebenenfalls erteilte Abmahnungen

Teilen Sie im Zweifel zu viel als zu wenig mit, denn der Arbeitgeber kann sich nur auf die Dinge berufen, die er dem Betriebsrat mitgeteilt hat.

Eine mündliche Kündigung ist unwirksam. Sie muss schriftlich erfolgen. Das Gleiche gilt für den Abschluss eines Aufhebungsvertrags. Dieses Schriftformerfordernis kann auch nicht im Arbeitsvertrag ausgeschlossen werden.

Sorgen Sie dafür, dass die Kündigung rechtzeitig zugeht.

Tipp:

Die Kündigung sollte persönlich gegen Empfangsbekenntnis überreicht werden. Falls das nicht möglich ist, ist die sicherste Variante eine Zustellung per Boten, denn der Arbeitgeber muss im Streitfall beweisen, dass die Kündigung den Arbeitnehmer tatsächlich erreicht hat.

Bei einer persönlichen Übergabe sollten Sie folgendes Empfangsbekenntnis unterschreiben lassen.

Muster Empfangsbekenntnis Kündigung

„... Ich .... bestätige die Kündigung vom ... am .... überreicht von .... erhalten zu haben ..."

Datum, Unterschrift

Wenn der Mitarbeiter nicht anwesend ist, müssen Sie beachten, dass eine Kündigung per *Einschreiben* oder auch per *Einschreiben mit Rückschein* nicht absolut wasserdicht ist. Es kann sein, dass die Kündigung nicht zugeht, weil beispielsweise der Briefträger den Empfänger nicht erreicht oder dieser das Einschreiben mit Rückschein später bei der Post nicht abgeholt. Außerdem kann mit einem Einschreiben nur belegt werden, dass etwas abgesandt bzw. eingeworfen wurde. Nicht mehr und nicht weniger. Worum es sich inhaltlich handelte, kann damit gerade nicht klargestellt werden. Verweigert der Empfänger nachweislich und ohne Grund die Annahme, gilt das Schreiben zwar als zugegangen, allerdings wird der Absender auch hierbei im Streitfall belegen müssen, dass das Schreiben eine Kündigung enthielt.

Die Kündigung sollte durch einen *Boten* zugestellt werden. Gehen Sie dabei wie folgt vor:

1. Zeigen Sie dem Boten das Schreiben und bitten ihn, es sich durchzulesen und zur Kenntnis zu nehmen.

2. Im Beisein des Boten machen Sie die Kündigung versandfertig.

3. Beauftragen Sie den Boten, die Kündigung in den Briefkasten des Mitarbeiters zu werfen oder dem betroffenen Mitarbeiter persönlich gegen Quittung auszuhändigen.

4. Der Bote soll Ihnen ein Protokoll zu kommen lassen, auf dem er vermerkt, wann (Datum, Uhrzeit) er wie (Einwurf in den Briefkasten, Aushändigung an Dritte, persönliche Übergabe usw.) die Zustellung vorgenommen hat.

Arbeitszeugnisse richtig verstehen und formulieren

Bei der Erstellung eines Arbeitszeugnisses müssen die folgenden Punkte mindestens berücksichtigt werden:

		ok?
1.	Klären Sie zunächst, ob ein einfaches, ein qualifiziertes oder ein Zwischenzeugnis verlangt wird.	☐
2.	Kennzeichnen Sie im Betreff die Zeugnisart. Ein vorläufiges Zeugnis muss durch den Begriff „Zwischenzeugnis" deutlich gekennzeichnet sein, die Beurteilung eines Azubis als „Ausbildungszeugnis" usw.	☐
3.	In der Einleitung geben Sie den Namen des Mitarbeiters, seine Tätigkeit sowie das Eintritts- und Austrittsdatum an.	☐
4.	Anschrift und Geburtsdatum des Mitarbeiters sind nur mit dem Einverständnis des Mitarbeiters aufzunehmen.	☐
5.	Es folgt die Tätigkeitsbeschreibung. Je genauer und ausführlicher die Aufgaben beschrieben werden, desto positiver ist dies für den Gesamteindruck.	☐
6.	In der Leistungsbeurteilung bewerten Sie den Mitarbeiter. Nutzen Sie dazu die typischen Zeugnisformulierungen. Damit ist gewährleistet, dass die Beurteilung auch genau so verstanden wird, wie sie gemeint ist.	☐
7.	Auch die Gesamtbeurteilung ist für den Wert eines Zeugnisses von Bedeutung.	☐
8.	Die Beendigungsgründe dürfen nur bzw. müssen auf Wunsch des Mitarbeiters in das Zeugnis aufgenommen werden. Klären Sie, ob dieser Wunsch geäußert wurde.	☐
9.	Die persönliche Schlussformulierung rundet das Zeugnis ab. Fehlt sie, bedeutet auch dies einen entscheidenden Minuspunkt.	☐
10.	Die Originalunterschrift eines Bevollmächtigten muss auf dem Schriftstück stehen. Der Name des Zeugnisausstellers zusätzlich maschinenschriftlich, Hinweis auf die Rechtsstellung des Ausstellers bei Vertreter des Arbeitgebers und Hinweis auf die Funktion des Ausstellers sowie Ort und Datum.	☐
11.	Nach einem Urteil des Bundesarbeitsgerichtes muss das Zeugnis einige formale Kriterien erfüllen: Es muss sauber geschrieben sein und darf keine Flecken, Radierungen oder Änderungen enthalten. Für das Zeugnis muss ein offizieller Firmenbriefbogen verwendet werden. Das Zeugnis darf durch die Form oder den Inhalt nicht den Eindruck erwecken, dass sich der Arbeitgeber vom Inhalt distanziert.	☐

Bei Arbeitspapieren – und dazu gehört das Zeugnis – handelt es sich um den typischen Fall einer „Holschuld". Der Arbeitgeber muss also das Zeugnis bereithalten und der Arbeitnehmer muss es am Arbeitsort abholen.

So hat das Zeugnis auszusehen

Das Arbeitszeugnis spielt bei jeder Bewerbung eine wesentliche Rolle. Es stellt einen wichtigen Faktor im Arbeitsleben dar. Einerseits muss es wahr sein – andererseits darf es das weitere Fortkommen des Mitarbeiters nicht ungerechtfertigt erschweren. Ein Zeugnis muss allen voran der vorgeschriebenen äußeren Form entsprechen. Das Bundesarbeitsgericht hat dafür Kriterien festgelegt:

- Papier von guter Qualität

- sauber und ordentlich geschrieben

- keine Flecken, Radierungen, Verbesserungen, Durchstreichungen oder ähnliches

- ordnungsgemäßer Briefkopf, aus dem der Name und die Anschrift des Ausstellers erkennbar sind

- Unterschrift und Firmenstempel

- einheitliche Maschinenschrift

So sollte ein Zeugnis aufgebaut sein

Für den Zeugnisaufbau gibt es einen Standard, an den Sie sich halten sollten.

1. Einleitung: Ausstellungsdatum (evtl. auch zum Schluss), Überschrift (Definition der Zeugnisart), Name, Geburtsdatum, Einstellungsdatum, Unternehmensname, Unternehmensbeschreibung, Einsatzort, berufliche Positionen innerhalb des Unternehmens

2. Tätigkeitsbeschreibung: Tätigkeitsbeschreibungen, Kompetenzen und Vollmachten, Mitarbeiterführung

3. Leistungsbeurteilung: Arbeitsbefähigung, fachliche Qualifikationen und Praxiswirksamkeit dieses Wissens, Arbeitsbereitschaft, Arbeitsweise, Erfolg, Führungsleistung, Leistungszusammenfassung

4. Verhaltensbeurteilung: Sozialkompetenzen, Verhalten gegenüber Vorgesetzten und Kollegen, Verhalten gegenüber Externen

5. Schluss: „Beendigungsformel", Dankes- und Bedauernsformel, Zukunfts- und Erfolgswünsche, Unterschrift von befugtem Zeugnisaussteller

Unterscheiden Sie zwischen qualifiziertem und einfachem Zeugnis: Bei Beendigung eines Arbeitsverhältnisses besteht grundsätzlich ein Anspruch des Arbeitnehmers auf Erteilung eines Zeugnisses. Man unterscheidet zwei Zeugnisarten:

- das einfache Zeugnis, das Angaben über die Person und Art und Dauer der Beschäftigung enthält und

- das qualifizierte Zeugnis, das neben den Inhalten des einfachen Zeugnisses auch eine Bewertung des Leistungs- und Sozialverhaltens des Arbeitnehmers enthält.

Das qualifizierte Zeugnis muss der Arbeitgeber nur dann ausstellen, wenn der Arbeitnehmer danach verlangt. Ohne diese Aufforderung ist seine Pflicht mit einem einfachen Zeugnis erfüllt. Außer bei sehr kurzen Beschäftigungsverhältnissen ist es aber in fast allen Branchen üblich, qualifizierte Zeugnisse zu erteilen.

Auch während des bestehenden Arbeitsverhältnisses haben Sie unter Umständen einen Anspruch auf ein qualifiziertes Zeugnis (Zwischenzeugnis). Das ist zum Beispiel der Fall, wenn Sie die Abteilung wechseln, einen neuen Vorgesetzten bekommen usw. Für qualifizierte Zeugnisse haben die Arbeitsgerichte Grundsätze entwickelt, die erfüllt sein müssen:

Grundsatz der Zeugniswahrheit und Zeugnisklarheit:

Danach müssen die über den Mitarbeiter gemachten Aussagen objektiv wahr sein. Das Zeugnis muss alle wesentlichen Tatsachen und Bewertungen enthalten, die für eine Gesamtbeurteilung des Bewerbers bedeutsam und für den künftigen Arbeitgeber von Interesse sind. Das schließt zum Beispiel aus, dass einmalige „Ausreißer" egal ob sie negativ oder positiv für den Arbeitnehmer sind, in ein Zeugnis aufgenommen werden.

Grundsatz der Wahrung des Interesses Dritter:

Unwahre Aussagen, die einen künftigen Arbeitgeber über bestimmte Eigenschaften des Arbeitnehmers täuschen können, müssen unterbleiben.

Grundsatz der Wahrung des Mitarbeiterinteresses:

Zeugnisse dürfen das berufliche und wirtschaftliche Fortkommen des Mitarbeiters nicht behindern. Darüber hinaus sind Zeugnisaussagen zwar objektiv, jedoch wohlwollend und berufsfördernd zu fassen.

Das hat in einem Zeugnis nichts zu suchen

Nach den oben beschriebenen Grundsätzen haben viele Dinge in einem Zeugnis nichts zu suchen. So dürfen zum Beispiel Krankheiten, auch wenn sie Kündigungsgrund waren und der Arbeitnehmer sogar über ein Jahr vor der Kündigung ununterbrochen krank war, im Zeugnis nicht erwähnt werden. Außerdem sind negative Beobachtungen und Bemerkungen im Arbeitszeugnis unzulässig. Umgekehrt ist der Arbeitgeber aber auch nicht dazu verpflichtet, dem Ausscheidenden gute Wünsche für seine berufliche und private Zukunft mitzugeben. Die folgenden Themen sind in einem Arbeitszeugnis tabu:

- Gehalt

- Kündigungsgründe

- Vorstrafen

- Abmahnungen

- Krankheiten

- Fehlzeiten

- Leistungsabfall

- Alkoholabhängigkeit

- Behinderungen

- Betriebsratstätigkeit

- Gewerkschaftsengagement

- Parteizugehörigkeit

- religiöses Engagement

- Nebentätigkeiten

- Ehrenämter

- Urlaubs- und Fortbildungszeiten

Wichtig: Darüber hinaus darf im Text nichts unterstrichen, kursiv gedruckt oder gefettet werden. Ausrufe-, Frage- und Anführungszeichen sind ebenfalls unzulässig.

So prüfen Sie ein Arbeitszeugnis

Checkliste zur Prüfung eines Arbeitszeugnisses:

	ja	nein
Trägt das Zeugnis eine Überschrift?	☐	☐
Sind der Vor- und Nachname sowie gegebenenfalls der Geburtsname korrekt geschrieben?	☐	☐
Werden Geburtsdatum und Geburtsort richtig wiedergegeben?	☐	☐
Stimmen die Angaben zu Beginn und Ende des Arbeitsverhältnisses?	☐	☐
Wird die ausgeübte Tätigkeit genau und vollständig beschrieben?	☐	☐
Wurde das Zeugnis auf dem üblicherweise verwendeten Firmenbogen geschrieben?	☐	☐
Sind Ort und Datum der Ausstellung des Zeugnisses genannt?	☐	☐
Ist das Zeugnis vom Firmenchef oder einer vertretungsberechtigten Person unterschrieben?	☐	☐

Handelt es sich um ein **qualifiziertes Zeugnis**, müssen Sie zusätzlich folgende Punkte prüfen:

	ja	nein
Bei einem akademischen Titel: Ist er berücksichtigt?	☐	☐
Wenn über spezielle Fachkenntnisse und besondere Erfahrungen verfügt wird: Sind diese im Zeugnis angemessen berücksichtigt?	☐	☐
Sind die Leistungen ausführlich und richtig beurteilt?	☐	☐
Entsprechen die Angaben zur Führung im Dienst der Tatsachen?	☐	☐
Bei Vorgesetztentätigkeit: Ist die Führungsfähigkeit korrekt beurteilt?	☐	☐
Wird der Grund für die Beendigung des Arbeitsverhältnisses genannt?	☐	☐
Äußert der Arbeitgeber sein Bedauern über Ihr Ausscheiden aus dem Arbeitsverhältnis?	☐	☐
Dankt der Arbeitgeber für die geleisteten Dienste?	☐	☐
Enthält die Schlussformulierung Wünsche des Arbeitgebers für die berufliche Zukunft?	☐	☐

So werden die Leistungen beurteilt

Für Arbeitszeugnisse gibt es gängige Formulierungen, die die Leistungen im Unternehmen bewerten. Dabei gilt ein System, dass an das Schulnotensystem erinnert.

Sehr gut:

„seine Leistungen haben in jeder Hinsicht unsere volle Anerkennung gefunden"

„erledigte seine Aufgaben stets selbstständig mit äußerster Sorgfalt und Genauigkeit"

„erledigte zugeteilte Aufgaben stets zu unserer vollsten Zufriedenheit"

„war im höchsten Maße zuverlässig"

„arbeitete stets zuverlässig und genau"

Gut:

„wir waren mit seinen Leistungen immer sehr zufrieden"

„er hat unseren Erwartungen in jeder Hinsicht und bester Weise entsprochen"

„arbeitete stets zuverlässig und gewissenhaft"

„hatte neue Ideen"

„meisterte neue Arbeitssituationen erfolgreich"

Befriedigend:

„er hat unseren Erwartungen in jeder Hinsicht entsprochen"

„war verantwortungsbewusst"

„führte zugeteilte Arbeiten systematisch aus"

„Arbeitsqualität war überdurchschnittlich"

„arbeitete gewissenhaft und zuverlässig"

Ausreichend:

„er hat die ihm übertragenen Aufgaben zu unserer Zufriedenheit erledigt"

„er hat unseren Erwartungen entsprochen"

„zeigte keine Unsicherheiten bei der Ausführung seiner Aufgaben"

„Arbeitsqualität entsprach den Anforderungen"

Mangelhaft:

„er hat die ihm übertragenen Arbeiten mit großem Fleiß und Interesse durchgeführt"

„er hatte Gelegenheit, alle innerhalb der Abteilung zu erledigenden Arbeiten kennen zu lernen"

„war in der Regel erfolgreich"

„entsprach im Allgemeinen den Anforderungen"

Ungenügend:

„er hat nach Kräften versucht, die Leistungen zu erbringen, die wir an diesem Arbeitsplatz fordern müssen"

„Arbeitsqualität entsprach meistens den Anforderungen"

„war um zuverlässige Arbeitsweise bemüht"

„war stets bemüht den üblichen Arbeitsaufwand zu bewältigen"

So erkennen Sie einen Geheimcode

Schon lange liegt die Sache klar auf der Hand: Geheimcodes haben in Zeugnissen nichts zu suchen. Über solche versteckten Hinweise wird jedes Arbeitsgericht zu urteilen wissen. Trotzdem finden sich in Arbeitszeugnissen immer wieder Geheimcodes. Problematisch werden diese dann, wenn sie zunächst unentdeckt bleiben. Prüfen Sie deshalb genau, ob ein Zeugnis „sauber" ist. Geht es um Ihr eigenes Zeugnis, dann haben Sie bei der Verwendung solcher Formulierungen einen gerichtlich durchsetzbaren Anspruch auf Entfernung aus dem Arbeitszeugnis. Wenn Sie im Zeugnis eines Bewerbers einen Geheimcode finden, kann es sich bei einem interessanten Kandidaten lohnen, beim Aussteller des Zeugnisses nachzuhaken.

Formulierung	Bedeutung
Für die Belange der Belegschaft bewies er immer Einfühlungsvermögen.	(= Er suchte sexuelle Kontakte im Kollegenkreis)
Für die Belange der Belegschaft bewies er immer umfassendes Einfühlungsvermögen.	(= Er suchte sexuelle Kontakte im Kollegenkreis) oder (= Er suchte homosexuelle Kontakte im Kollegenkreis)
Sie war tüchtig und wusste sich gut zu verkaufen.	(= Eine unangenehme Mitarbeiterin, der es an Kooperationsbereitschaft mangelt)
Mit seinen Vorgesetzten ist er gut zurechtgekommen.	(= Ein Mitläufer und Ja-Sager, der sich gut verkaufen kann)
Er verfügt über Fachwissen und hat ein gesundes Selbstvertrauen.	(= Überspielt mit Arroganz sein mangelndes Fachwissen)
Er zeigte stets Engagement für Arbeitnehmerinteressen außerhalb der Firma.	(= Er hat an Streiks teilgenommen)
Er hat mit seiner geselligen Art zur Verbesserung des Betriebsklimas beigetragen.	(= Er hat Alkoholprobleme)
Er trat engagiert für die Interessen der Kollegen ein.	(= Er war Mitglied des Betriebsrats)
Er trat sowohl innerhalb als auch außerhalb unseres Unternehmens engagiert für die Interessen der Arbeitnehmer ein.	(= Er war gewerkschaftlich aktiv)
Er machte sich mit großem Eifer an die ihm übertragenen Aufgaben.	(= Trotz Fleiß hatte er keinen Erfolg)
Er zeigte Verständnis für seine Arbeit.	(= Er brachte keine Leistung)
Er erledigte alle Aufgaben pflichtbewusst und ordnungsgemäß.	(= Er war ein Bürokrat ohne Eigeninitiative)
Sie verstand es, alle Aufgaben mit Erfolg zu delegieren.	(= Sie drückte sich vor der Arbeit)
Er war seinen Mitarbeitern jederzeit ein verständnisvoller Vorgesetzter.	(= Er besaß keine Durchsetzungsstärke und wurde nicht respektiert)
Er koordinierte die Arbeit seiner Mitarbeiter und gab klare Anweisungen.	(= Er beschränkte sich auf Anweisen und Delegieren)
Sie hat alle Aufgaben in ihrem und im Firmeninteresse gelöst.	(= Sie hat Firmeneigentum gestohlen)
Im Umgang mit Kollegen und Vorgesetzten zeigte er durchweg eine erfrischende Offenheit.	(= Er war sehr vorlaut)
Ihre umfangreiche Bildung machte sie zu einer gesuchten Gesprächspartnerin.	(= Sie führte lange Privatgespräche)

Formulierung	Bedeutung
Seine Auffassungen wusste er intensiv zu vertreten.	(= Er hat ein übersteigertes Selbstbewusstsein)
Er zeichnete sich insbesondere dadurch aus, dass er viele Verbesserungsvorschläge zur Arbeitserleichterung machte.	(= die aber nicht umgesetzt werden konnten)
Wir bestätigen gerne, dass er mit Fleiß, Ehrlichkeit und Pünktlichkeit an seine Aufgaben herangegangen ist.	(= Ihm fehlt die fachliche Qualifikation)
Vorgesetzten und Kollegen war er durch seine aufrichtige und anständige Gesinnung ein angenehmer Mitarbeiter.	(= Ihm mangelt es an Tüchtigkeit)
Die ihm gemäßen Aufgaben ...	(= Die anspruchslosen Aufgaben ...)
Er arbeitete sehr genau und erledigte seine Aufgaben ordnungsgemäß.	(= uneffektiv und bürokratisch)
Er war mit Interesse bei der Sache.	(= aber ohne Erfolg)
Er zeigte reges Interesse an seiner Arbeit.	(= Er hatte keinen Erfolg)
Er hatte Gelegenheit, die ihm übertragenen Aufgaben zu erledigen.	(= Aber es gelang ihm nicht)
Wegen seiner Pünktlichkeit war er stets ein gutes Beispiel.	(= Aber nicht wegen seiner Leistung)
Sie war tüchtig und in der Lage, ihre Meinung zu vertreten.	(= Sie hat eine hohe Meinung von sich und verträgt keine Kritik)
Er arbeitete sehr nach eigener Planung.	(= Aber nicht nach der Planung des Arbeitgebers)
Das Produktionsniveau konnte durch ihre Leistung gehalten werden.	(= Sie erreichte keine Verbesserung)
Ihm wurde die Gelegenheit zu Fortbildungsmaßnahmen geboten.	(= die er nicht genutzt hat)
Er war Neuem gegenüber aufgeschlossen.	(= Aber nicht, um es zu verarbeiten)
Er hatte auch brauchbare Vorschläge gemacht.	(= Sie wurden aber nicht übernommen)
Sie gab viele Anregungen, die geprüft wurden.	(= Sie wurden aber nicht übernommen)
Seine Standpunkte stellt er in selbstbewusster Art vor.	(=arrogant, anmaßend; besser: Er ist eine selbstständige Persönlichkeit, die seinen Standpunkt vertritt, doch stets in angemessener Weise)
Er ist ein anspruchsvoller und kritischer Mitarbeiter.	(= Er ist egozentrisch und nörgelt gerne)

Formulierung	Bedeutung
Er war kontaktbereit.	(= Aber nicht kontaktfähig)
Bei Kunden war er schnell beliebt.	(= Er machte viele Zugeständnisse, besitzt keine Verhandlungsstärke)
Er praktizierte einen kooperativen Führungsstil und war deshalb von seinen Mitarbeitern sehr geschätzt.	(= Er kann sich nicht durchsetzen)
Sie führte mit fester Hand.	(= Autoritärer Führungsstil)
Er führte konsequent.	(= Autoritärer Führungsstil)
Er führte straff demokratisch.	(= Autoritärer Führungsstil)
Er scheidet aus, um in einem anderen Unternehmen eine höherwertige Tätigkeit zu übernehmen.	(= die wir ihm nicht zutrauten bzw. anbieten wollten)
Er schied aus, um sich finanziell zu verbessern.	(= Wir waren nicht bereit, ihm mehr zu bieten)
Er schied im beiderseitigen Einvernehmen aus.	(= Kündigung durch den Arbeitgeber – eine wirklich einvernehmliche Aufhebung wird umschrieben mit „im besten beiderseitigen Einvernehmen")
Wir haben uns einvernehmlich getrennt.	(= Auf Initiative des Arbeitgebers erfolgte Eigenkündigung des Arbeitnehmers oder Abschluss eines Aufhebungsvertrages)
Das Arbeitsverhältnis endet am ... (krummes Datum)	(= Fristlose Kündigung oder Vertragsbruch, üblich ist der 30./31. eines Monates als Ausscheidungsdatum)
Unsere besten Wünsche begleiten ihn.	(= Ironie, wenn der Arbeitgeber gekündigt hat)
Seine Mitarbeiter schätzten ihn als umgänglichen Vorgesetzten.	(= Er achtete zu wenig auf deren Leistung)
Wir lernten sie als umgängliche Kollegin kennen.	(= Sie war unbeliebt)
Wir wünschen ihm für die Zukunft alles nur erdenklich Gute.	(= Ironie)
Wir wünschen alles Gute, insbesondere auch Erfolg.	(= den er bei uns nicht hatte)
Er stand stets voll (!) hinter uns.	(= Trunksucht)

Managementwissen im Sekretariat

Petra Lumblatt

Die wichtigsten Unternehmensstrategien und -techniken im Überblick

Märkte, Kundenbedürfnisse, Technologien, alles ist in Bewegung. Dieser stetige Wandel stellt Unternehmen vor große Herausforderungen. Anstatt immer erst auf die Veränderung zu reagieren, versuchen viele Unternehmen, mit Hilfe von gezielter Unternehmensstrategie den Wandel aktiv zu gestalten. Wir erklären, was sich hinter den Schlagwörtern verbirgt und schildern an Beispielen, wie sich die Trends auf das Unternehmen auswirken. Mit diesem Wissen können Sekretärinnen und Assistentinnen mitreden und den Chef bei der Mitgestaltung der Unternehmenszukunft unterstützen.

Unternehmen müssen sich stetig wandeln

Ständige Veränderungen von Märkten und Kundenbedürfnissen stellen Unternehmen vor große Herausforderungen. Management-Techniken sollen dabei helfen, zukunftsweisende Entscheidungen zu treffen. Mittlerweile gibt es eine Fülle von unterschiedlichen Theorien und Ansätzen. Viele haben die Anfangseuphorie nicht überlebt. Einige Techniken gehören aber mittlerweile zum Standard in vielen Unternehmen. Sie beleuchten jeweils unterschiedliche Perspektiven und verfolgen andere Schwerpunkte. Jedes Unternehmen entscheidet selbst, mit welchen Instrumenten die anstehenden Aufgaben am besten zu lösen sind.

Sekretärinnen und Assistentinnen erfahren oft unmittelbar, wenn sich die Geschäftsleitung entschieden hat, eine bestimmte Technik oder ein Programm im Unternehmen anzuwenden. Um diese Unternehmensentscheidungen nachvollziehen zu können und die Maßnahmen richtig einzuordnen, werden in diesem Kapitel wichtige Management-Trends beschrieben.

Total Quality Management (TQM) – umfassende Qualitätskontrolle

Total Quality Management bedeutet, dass es bei diesem Ansatz um die Sicherstellung von Qualität geht. Dabei bezieht man sich auf alle Bereiche des Unternehmens, nicht nur auf die Produktion. Ziel dieses umfassenden Qualitätsanspruchs ist es, seine Kunden zufrieden zu stellen. Deshalb gilt es, kontinuierlich an der Qualität zu arbeiten, Fehler zu vermeiden, effizienter zu werden und Verschwendung abzuschaffen. Im TQM werden alle Bereiche einer umfassenden Qualitätskontrolle unterzogen und Schwachstellen konsequent ausgeräumt. In einem ersten Schritt bestimmt man die gewünschten Ergebnisse und plant das Vorgehen für die Umsetzung. Danach werden die Maßnahmen durchgeführt, das Ergebnis bewertet und überprüft, ob die gewünschten Ziele erreicht wurden.

Folgende Bereiche werden durch das TQM systematisch erfasst:

▨ *Qualität der Produkte und Dienstleistungen*
TQM arbeitet daran, die Abläufe in der Produktion zu optimieren, um so dem Kunden einwandfreie Waren oder Dienstleistungen zu liefern. Dazu gehört auch, die Produktion kostengünstig zu gestalten, um dem Kunden günstige Preise anzubieten. Zusätzlich betrachtet TQM alles rund um das Produkt. Ist das Produkt bedienungsfreundlich, leicht in Betrieb zu nehmen? Gibt es eine verständliche Bedienungsanleitung oder Dokumentation? Ist die Anlieferung für den Kunden komfortabel?

▨ *Qualität des Kundenservice*
Im TQM wird die Auftragsabwicklung so optimiert, dass der Kunde termingerecht seine Ware erhält. Darüber hinaus geht es um Flexibilität bei der Befriedigung von Sonderwünschen, die Handhabung von Reklamationen und die Kundennähe beim Service.

▨ *Qualität der Lieferantenbeziehungen*
Damit dem Kunden die bestellte Ware pünktlich, zuverlässig und ohne Fehler geliefert werden kann, integriert TQM auch die Lieferanten in den Qualitätsprozess. In diesem Zusammenhang ist zum Beispiel bei vielen Firmen die Anlieferung von Zubehörteilen *Just in Time* bzw. Just in Sequence eingeführt worden, das heißt, die Zubehörteile kommen so zeitgerecht in der Montagefabrik an, dass sie ohne Zwischenlagerung direkt vom LKW in den Produktionsprozess eingeschleust werden. Bei Just-in-Sequence-Lieferungen geschieht die Anlieferung auch noch in der benötigten Reihenfolge.

▨ *Qualität der Unternehmensprozesse*
Zur Optimierung der Prozesse betrachtet TQM nicht nur den Produktionsprozess. Auch in der Verwaltung und bei den internen Dienstleistern wird Qualität definiert und optimiert. Ziel ist es hier vor allem, Überflüssiges abzubauen, Kosten zu senken und die Wege zum Beispiel bei der eingehenden Post oder bei der Behebung von Störungen in der EDV zu verkürzen und so den Kunden indirekt zufrieden zu stellen.

TQM benötigt die volle Unterstützung aller Mitarbeiter, um den gewünschten Erfolg zu erzielen. Das bedeutet vor allem auch, dass TQM von der oberen Führungsebene vorgelebt wird. Auch hier gilt es, Verschwendung abzuschaffen und im Sinne des Kunden Qualität sicherzustellen. Warum sollte sich nicht auch ein Geschäftsführer bücken, um Abfall vor der Eingangshalle aufzuheben? Insofern ist TQM nicht nur ein Modell zur Prozessoptimierung, sondern auch ein Führungsmodell. Ständige Motivation aller Mitarbeiter und turnusmäßige Schulungen gehören daher mit zum Konzept des TQM.

Das wichtigste TQM-Konzept in Deutschland ist das EFQM-Modell für Business Excellence der European Foundation for Quality Management. Man schätzt, dass weltweit über 10.000 Unternehmen danach arbeiten. Die Kriterien dieses Modells werden zur Vergabe des wichtigsten deutschen Qualitätspreises, des Ludwig-Erhard-Preises, herangezogen.

Six Sigma

Six Sigma ist ein Verfahren zur Steuerung und Verbesserung von Prozessen im Unternehmen. Ähnlich wie TQM setzt sich Six Sigma zum Ziel, im Rahmen einer umfassenden Kundenorientierung, Prozesse so zu gestalten, dass möglichst keine Fehler mehr auftreten. Jeder weiß aber, dass es immer Fehler geben wird. Wenn eine Fluggesellschaft eine Million Koffer im Monat transportiert und nur ein Prozent davon nicht richtig zugeordnet werden, entspricht das immerhin 10.000 verloren gegangenen Koffern. Das ist für heutige Ansprüche zu viel. Six Sigma definiert deshalb, dass es in einem Prozess nur noch 3,4 Fehler auf eine Million Möglichkeiten geben darf.

Der Name Six Sigma steht für diesen Grundsatz. Das griechische Zeichen Sigma (σ) beschreibt in der Mathematik die Standardabweichung von einem gewünschten Wert. Die Zahl sechs steht für die zugelassene Toleranz. Als Six Sigma in den 80er Jahren in den USA bei Motorola eingeführt wurde, klang dieser Anspruch sehr ambitioniert. Heutzutage unterbieten viele Prozesse bereits diese Fehlertoleranz.

Six Sigma basiert auf dem Grundsatz, dass Qualität auf allen Ebenen des Unternehmens oberste Priorität hat. Dazu definiert Six Sigma drei Systemkomponenten, die zusammenwirken:

Strategische Geschäftsführung und Kennzahlen

Das Top-Management richtet den Blick in erster Linie auf diejenigen Leistungen, die für den Kunden am wichtigsten sind und somit voraussichtlich den größten Einfluss auf den finanziellen Erfolg des Unternehmens haben. Für diese Prozesse werden klar messbare Ziele zur Verbesserung des Prozesses formuliert und Kennzahlen definiert.

Six Sigma Organisation

Alle mit der Problemlösung beschäftigten Mitarbeiter werden umfassend in der Anwendung von Methoden zur Problemlösung und zur Prozessoptimierung geschult. Je nach Funktion im

Projekt erhalten die Mitarbeiter einen sogenannten Belt (Gürtel) – angelehnt an die Rang-kennzeichen bei japanischen Kampfsportarten. Alle Führungskräfte werden mindestens zwei Tage in der Six Sigma Philosophie geschult. Projektleiter sind entweder Green Belt mit neun bis zwölf Tagen Schulung oder Black Belt mit 20 Tagen Schulung. Für jeden Projektleiter steht ein Master Black Belt als Coach zur Verfügung, der in schwierigen Fragen Hilfestellung leistet. Das Top-Management, die Six Sigma Champions, werden in routinemäßig stattfin-denden Reviews über den Stand der einzelnen Projekte informiert.

Strukturierte Vorgehensweise DMAIC

Six Sigma verfügt über eine klare Struktur bei der Umsetzung. Wie in einem Drehbuch durchläuft jeder Prozess einen sogenannten DMAIC-Zyklus bestehend aus fünf Phasen:

Define → Measure → Analyse → Improve → Control

Mit diesem Verfahren werden bestehende Prozesse messbar gemacht und anschließend nachhaltig verbessert. Folgende Aktionen finden in den einzelnen Phasen statt:

Define = Definieren
In einer Ist-Analyse werden alle relevanten Daten und Fakten aufgenommen, die Probleme definiert, Ziele formuliert und der angestrebte finanzielle Gewinn errechnet. Danach erstellt das Team einen Projektplan.

Measure = Messen
Alle relevanten Größen werden identifiziert, gemessen und bewertet. Der Ist-Zustand wird prä-zise in einem Flussdiagramm aufgezeichnet.

Analyse = Analysieren
In dieser Phase analysiert man die Messergebnisse, identifiziert die Ursachen des Problems und bestimmt die Abweichung vom Soll-Wert.

Improve = Verbessern
Jetzt erst werden Lösungsvarianten getestet und das, was zur Verbesserung der Messergeb-nisse beiträgt, umgesetzt. Die verbesserte Prozessleistung wird überprüft.

Control = Kontrollieren
Jetzt müssen noch alle Prozessbeteiligten geschult werden. Die Messwerte unterliegen einer dauerhaften Überwachung. Das Gelernte wird danach auch auf andere Prozesse übertragen.

Six Sigma gilt heute als der Maßstab für Qualität. Über 25 Prozent aller US-Konzerne wen-den mittlerweile Six Sigma an, um ihre Prozesse nachhaltig zu verbessern und erzielen dabei zum Teil große finanzielle Erfolge.

Kaizen

Kaizen kommt aus dem Japanischen. Kai bedeutet frei übersetzt: Veränderung, Zen bedeutet: zum Besseren. Das heißt, auch Kaizen beschäftigt sich mit dem Optimierungspotenzial im Unternehmen. Entsprechend der Philosophie des Kaizen geht es hierbei nicht um die einmalige Verbesserung zum Beispiel durch Innovation oder Reengineering, sondern um die schrittweise Perfektionierung eines bewährten Produktes oder Prozesses. Aus der Überzeugung heraus, dass es immer etwas zu verbessern gibt, leitet sich eine stetige Suche nach Optimierungsmöglichkeiten auf allen Ebenen des Unternehmens ab.

Ziel der Optimierung ist die Zufriedenheit der Kunden. Der Fokus liegt auf drei Faktoren:

- Kostensenkung

- Qualitätssicherung

- Schnelligkeit und Zeiteffizienz

Jeder Mitarbeiter hat die Aufgabe, seine Kunden zufrieden zu stellen. Dabei wird zwischen internen und externen Kunden unterschieden. Interne Kunden sind zum Beispiel für die EDV-Abteilung oder das Personalwesen diejenigen Mitarbeiter, denen sie ihre Dienstleistung anbieten und die sie zufrieden stellen. Auch diese Prozesse unterliegen der kontinuierlichen Optimierung.

Wichtiger Bestandteil von Kaizen ist ein von allen Mitarbeitern getragenes gut funktionierendes betriebliches Vorschlagswesen. Jeder macht in seinem Umfeld Vorschläge zur Optimierung. Es geht dabei nicht um die perfekte Lösung. Jeder kleine Schritt ist ein Schritt in die richtige Richtung. Die Vorschläge werden zügig geprüft und schnell umgesetzt. Dadurch entsteht ein sogenannter PDCA-Zyklus – **P**lan – **D**o – Check – **A**ct (planen, umsetzen, kontrollieren und reagieren). Wenn eine Verbesserung umgesetzt wurde, wird dies als neuer Standard definiert und ist ab diesem Zeitpunkt für alle verbindlich. Im Anschluss daran kann eine neue Optimierung für denselben Prozess beginnen. Eine durchschnittlich große Firma erhält auf diese Weise in Japan pro Jahr 40 bis 50.000 Verbesserungsvorschläge. Die Mitarbeiter treiben Kaizen zur Optimierung ihrer eigenen Arbeitsbedingungen selbst voran. Ihre Aktionen und Ideen werden weder befohlen noch belohnt.

Im Kaizen unterscheidet man zwischen wertschöpfenden und nicht wertschöpfenden Tätigkeiten. Unter Wertschöpfung wird dabei alles verstanden, was zu einem Mehrwert führt. Alles andere gilt als Verschwendung. Dazu zählen Überproduktion, Lagerbestände, Wartezeiten, Fehler oder unnötige Bewegung von Waren und Menschen. Wenn an jeder Stelle Verschwendung abgeschafft wird, spart das Unternehmen automatisch Zeit und Geld und die Zufriedenheit der Kunden und der Mitarbeiter steigt. So wartet man bei Toyota in Japan auf einen Neuwagen nicht mehr als zwei Tage und eine individuell ausgesuchte Brille in der richtigen Sehstärke kann man eine halbe Stunde nach Bestellung beim japanischen Optiker abholen.

Im Westen wurde Kaizen unter dem Namen „**K**ontinuierlicher **V**erbesserungs **P**rozess (KVP)" in vielen Unternehmen eingeführt. Doch ist es schwierig, die Philosophie des Kaizen in die westliche Unternehmenskultur zu integrieren. Deshalb hat KVP im Westen vor allem eine produktbezogene Bedeutung erhalten. Dabei hat sich gezeigt, dass vielfach nicht die gewünschten Erfolge erzielt wurden. Wer den Schwerpunkt wie beim japanischen Ansatz aber tatsächlich im Geist der „ewigen Veränderung" sieht und auf langsame und kontinuierliche Verbesserung in kleinen Schritten setzt, kann seiner Konkurrenz gegenüber langfristig Wettbewerbsvorteile erlangen.

Balanced Scorecard (BSC)

Die Balanced Scorecard, von Robert Kaplan und David Norton in den 90er Jahren entwickelt, setzt bei den übergeordneten Zielen zur Steuerung des Unternehmens an. Ihre Erfahrung hat gezeigt, dass es einseitig und zum Teil sogar gefährlich sein kann, ein Unternehmen nur über die Kennzahlen aus dem Finanzbereich zu steuern. Wenn Unternehmen nicht in die Weiterentwicklung ihrer Produkte oder Mitarbeiter investieren, können sie kurzfristig mehr Gewinn erzielen, langfristig könnte das aber genau ins Gegenteil umschlagen. Deshalb identifizierten sie weitere Felder, die zur Steuerung eines Unternehmens maßgeblich sind:

- Finanzen
- Kunden und Märkte
- Prozesse
- Mitarbeiter und Entwicklung

In einem ersten Schritt entwickelt das Top-Management aus der Unternehmensvision eine klar und eindeutig formulierte Unternehmensstrategie, die das langfristige Überleben der Organisation sichert. Auf Basis der übergeordneten Ziele werden dann für jeden Bereich Unterziele und Maßnahmen definiert. So verfolgt man die strategischen Ziele aus unterschiedlichen Perspektiven weiter. Für jedes Ziel in jedem Bereich werden Messgrößen, sogenannte Kennzahlen, konkretisiert, an denen man die Zielerreichung misst. Dabei ist es wichtig, eindeutige Zahlen und Zahlenrelationen zu benennen, an denen abgelesen wird, wie der Ist-Zustand ist und wann das angestrebte Ziel erreicht wird. Alles das schreibt man auf sogenannten Scorecards, den Zählkarten, fort.

Die Dimensionen der Balanced Scorecard werden für jede Organisation individuell festgelegt. Die Herausforderung liegt in der Auswahl weniger und zugleich relevanter Kennzahlen, die sich idealerweise in den verschiedenen Sichtweisen auch direkt beeinflussen. So sollten zum Beispiel die Sachbearbeiter eines Unternehmens nicht auf die Idee kommen, zur Erhöhung der Anzahl ihrer zu bearbeitenden Fälle die Öffnungszeiten ihrer Büros für die Kunden zu verkürzen. Hier würde sofort auffallen, dass Ziele miteinander kollidieren. Eine optimale Balanced Scorecard arbeitet mit nicht mehr als 20 Kennzahlen. An der konsequenten Auswahl und Reduzierung auf wenige Kennzahlen scheitern viele Unternehmen.

Mit dem Instrument der Balanced Scorecard hat das Management die Möglichkeit, nicht nur die finanzielle Entwicklung des Unternehmens zu betrachten. Durch die Berücksichtigung aller Felder kommt man zu einem ausgewogenen („balanced") Bild. Durch die Übersetzung von strategischen Zielen in messbare Größen und die Ableitung von geeigneten Maßnahmen wird die Strategie umsetzbar gemacht. Die Balanced Scorecard verpflichtet jeden, keine vagen Ziele zu formulieren. Kundenzufriedenheit ist ein gutes Ziel, aber woran misst man, ob der Kunde wirklich zufriedener geworden ist? Mit der Balanced Scorecard könnte zum Beispiel die Produktionsabteilung als Ziel formulieren, die Anzahl der Reklamationen auf einen Fall pro 100.000 Stück ausgelieferte Ware zu begrenzen. Die Reklamationsabteilung könnte festlegen, die Bearbeitungszeiten für Reklamationen auf einen Tag zu reduzieren. Dann legen beide fest, wie sie ihre Ziele erreichen wollen.

Durch dieses zielgerichtete Arbeiten eignet sich die Balanced Scorecard hervorragend als Basis für eine Mitarbeiterführung über Zielvereinbarungen. Von den übergeordneten Zielen und Kennzahlen kann die Führungskraft zusammen mit jedem Mitarbeiter individuelle Ziele festlegen und messbar machen. So können auch Mitarbeiter, die durch ihre Tätigkeit nicht direkt mit Kunden und Umsätzen zu tun haben, einen messbaren Beitrag zur Umsetzung der Gesamtstrategie des Unternehmens leisten.

Change-Management

Change-Management setzt bei der Tatsache an, dass sich die Welt rund um Unternehmen und Märkte permanent verändert. Es gibt einen Technologieschub nach dem anderen. Das Internet verändert die Erwartungen der Kunden an Service und Information. Produkte und Dienstleistungen sind heutzutage über einen Mausklick weltweit vergleichbar. Unternehmen, die von solchen Veränderungen überrascht werden, erleiden oft schwere finanzielle Einbußen. So hat IBM den Sprung von einem Schreibmaschinenhersteller zum Computerhersteller geschafft. Andere Produzenten von Schreibmaschinen sind auf der Strecke geblieben.

Die Zukunft ist nicht vorhersehbar und insofern auch nicht planbar. Change-Management strebt an, das ganze Unternehmen so auszurichten, dass alle auf Veränderungen vorbereitet sind. Ziel ist es, die Zukunft selbst aktiv zu gestalten, anstatt sich von ihr überraschen zu lassen.

Was diesem Ziel entgegensteht, ist der Wunsch eines jeden Menschen nach Stabilität und Routine. Menschen ändern ihr Verhalten ungern. Das fällt sehr deutlich auf, wenn man in Großbritannien mit dem Auto auf der „falschen" Seite fahren muss. Zu häufige Veränderung am Arbeitsplatz bringt oft Hektik und Überforderung für die Mitarbeiter. Insofern hat Change-Management zwei wichtige Faktoren zu berücksichtigen:

1. Im Change-Management werden auf der Basis von permanenten Marktbeobachtungen und der Analyse des Kundenverhaltens zukunftsfähige Strategien entwickelt und die Strukturen und Geschäftsprozesse an die sich wandelnden Gegebenheiten angepasst.

2. Im Change-Management wird darauf hingearbeitet, dass die Mitarbeiter Veränderung als Herausforderung und Chance ansehen und nicht als Bedrohung.

Die Unternehmen, die beides in den Griff bekommen, erhöhen ihren Wettbewerbsvorteil und führen so das Unternehmen auch in schwierigen Zeiten sicher zum Erfolg.

Zu den wichtigen Erfolgsfaktoren des Change-Managements gehören deshalb folgende Aufgaben:

- *Strategie-Entwicklung*
  Kunden ändern ihre Bedürfnisse, der Wettbewerb ist kreativ und neue Technologien bieten ungeahnte Möglichkeiten. Change Manager nutzen z. B. die Szenario-Technik zur Entwicklung von unterschiedlichen Zukunfts-Szenarien, um auf unterschiedliche Entwicklungen vorbereitet zu sein.

- *Projektmanagement*
  Mitarbeiter arbeiten weniger in festen Strukturen, sondern eher in Projektgruppen, in denen bestimmte Probleme gelöst werden. Nach Ende des Projektes löst sich die Gruppe auf und Mitarbeiter finden sich in anderen Konstellationen zusammen, um andere Probleme zu lösen.

- *Unternehmenskommunikation*
  Um Veränderungsprozesse im Unternehmen so zu gestalten, dass die Mitarbeiter es als Herausforderung sehen, ist weit mehr erforderlich als eine wertschätzende zwischenmenschliche Kommunikation über alle Hierarchie-Ebenen hinweg. Es gilt, eine große Menge Menschen in ihrer Meinungsbildung und Entscheidungsfindung positiv zu beeinflussen. Das fängt an bei Betriebsversammlungen, Workshops und Meetings, geht über Internet basierte Kommunikationsformen bis hin zu Veranstaltungen nach dem Modell des „open space", in denen Mitarbeiter selbstorganisiert und selbstverantwortlich ihre Anliegen gemeinschaftlich bearbeiten. Führungskräfte müssen entscheiden können, welche Methode je nach Zielvorstellung und Thema die richtige ist.

- *Führen durch Moderation und Konfliktmanagement*
  Change-Management erwartet Qualifikationen von Führungskräften, die weit über das Fachliche hinausgehen. Change Manager haben die Aufgabe, ihre Mitarbeiter innerlich für Veränderungen zu öffnen und ihnen Sicherheit zu geben in unsicheren Zeiten. Sie müssen Meinungsbildungsprozesse steuern und Entscheidungen herbeiführen, an die sich alle, auch wenn sie vorher nicht einverstanden waren, halten. Dafür benötigen sie das Werkzeug der Moderation, wenn es keine besonderen Streitpunkte gibt. In Konfliktsituationen müssen Change-Manager wissen, mit welchen Methoden sie das Thema wieder verhandelbar machen.

Change-Management ist in unserer schnelllebigen Zeit unverzichtbare Voraussetzung, um das Unternehmen zukunftsfähig zu halten. Nur scheitert es oft an den besonderen Fähigkeiten, die von den Führungskräften erwartet werden. Deshalb behaupten böse Zungen auch, Change-Management würde bedeuten, man tausche das Management aus.

Lernende Organisation

Wörtlich macht der Begriff „Lernende Organisation" keinen Sinn, denn nicht Organisationen lernen, sondern Menschen. Peter Senge, der in seinem Buch „Die Fünfte Disziplin" den Begriff geprägt hat, geht wie beim Change-Management davon aus, dass nur diejenigen Unternehmen langfristig überleben, die das Neue permanent neu gestalten. So wie bei einem Mannschaftssport, bei dem alle gemeinsam an einem großen Ganzen arbeiten und zusammen im Stande sind, Außergewöhnliches zu leisten, soll ein Unternehmen sich zu einem gut aufeinander eingespielten Team entwickeln, das gemeinsam die Herausforderungen der Zukunft meistert. Schwächen der einen werden durch die Stärken der anderen ausgeglichen. Jeder gibt das, was er am besten kann.

Eine lernende Organisation ist für Senge idealerweise ein System, das sich ständig in Bewegung befindet. Damit geht Senge weit über den Ansatz des Change-Management hinaus. Sein Idealbild einer Lernenden Organisation ist ein offenes Unternehmen, das durch die Individualität und Innovation seiner Mitarbeiter lebt.

Um dorthin zu gelangen, hat Senge fünf Disziplinen identifiziert, in denen sich die Organisationen, d. h. alle Mitarbeiter aller Hierarchiestufen üben müssen.

1. *Personal Mastery – Individuelle Reife*
   Personal Mastery ist die Disziplin der Selbstführung und Persönlichkeitsentwicklung. Wer Personal Mastery besitzt, ist offen für Neues und hört nie auf zu lernen. Er hat die Fähigkeit, seine Ziele konsequent zu verwirklichen. Personal Mastery bildet die geistige Grundlage der Lernenden Organisation.

2. *Mental Models – Mentale Modelle*
   Mentale Modelle sind tief in unserer Psyche verwurzelte Annahmen und Verallgemeinerungen, die großen Einfluss darauf haben, wie wir die Welt wahrnehmen und wie wir handeln. Hierzu zählt zum Beispiel die innere Einstellung zu Autorität oder zu Geld. Diese Mentalen Modelle müssen aufgedeckt und kritisch betrachtet werden, damit sie der Organisation nicht unbewusst im Weg stehen.

3. *Shared Visioning – Gemeinsame Vision*
   Auch für Peter Senge kann ein Unternehmen nur zum Erfolg geführt werden, wenn es eine klare Vision von der Zukunft hat. Er legt aber Wert darauf, dass diese Vision nicht nur der Chef kennt, oder ein paar Führungskräfte. Eine gemeinsame Vision entsteht, wenn alle Mitglieder der Organisation die gemeinsame Vision nicht nur verstehen, sondern verinnerlichen und zu ihrer Vision machen. Jeder weiß, was seine Aufgabe zum Erreichen dieses gemeinsam getragenen Zukunftsbildes ist und handelt danach.

4. *Team Learning – Team-Lernen*
   Team-Lernen ist etwas anderes als Lernen im Team. Es geht darum, dass alle Mitglieder im Team die Fähigkeit besitzen, eigene Annahmen aufzugeben und sich auf ein gewolltes gemeinsames Denken einzulassen. Dazu gehört auch, dass das Team erkennt, was ihr Lernen behindert. Das Team-Lernen ist eine Grundlagen-Disziplin für die Lernende Organisation, weil Teams und nicht Individuen die elementare Lerneinheit der Organisation bilden.

5. *Systems Thinking – Systemdenken*

Systemdenken ist die fünfte Disziplin, nach der das Buch von Peter Senge benannt ist. Sie bildet die Voraussetzung für Lernende Organisationen. Das Wesentliche an der Disziplin des Systemdenkens ist ein grundsätzliches Umdenken. Nicht mehr einfache Ursache-Wirkungs-Ketten stehen im Vordergrund. Systemdenken baut auf die Wechselwirkung zwischen verschiedenen Faktoren. Die Vorgänge werden nicht mehr linear gesehen, wie etwa in Flussdiagrammen, sondern als Systeme mit unterschiedlichen Variablen. So hilft das Systemdenken dem Unternehmen, die übergreifenden Muster zu verstehen und damit Veränderungen am System selbst vorzunehmen.

Das Modell der Lernenden Organisation setzt dort an, wo der Umgang mit Veränderung zu scheitern droht – bei den Menschen, die die Veränderung gestalten. Dieses zu beeinflussen, erfordert ein Umdenken auf allen Ebenen.

Knowledge-Management – Wissensmanagement

Mehr denn je hängt heutzutage der Erfolg eines Unternehmens am Know-how und an der Kreativität seiner Mitarbeiter. So ist es in vielen Branchen zum kritischen Erfolgsfaktor geworden, das Wissen der Mitarbeiter im Unternehmen zu halten und für alle verfügbar zu machen. Wissensmanagement bezeichnet alle Managementaktivitäten, die darauf abzielen, das Wissen, das im Unternehmen vorhanden ist, einzusetzen und zu entwickeln, um die Unternehmensziele zu erreichen. Dabei umfasst das Wissen alle Daten und Informationen, aber auch alle Fähigkeiten, die die Organisation zur Lösung ihrer vielfältigen Aufgaben benötigt. Man spricht davon, dass das Wissen innerhalb eines Unternehmens als weiterer Produktionsfaktor neben Kapital, Arbeit und Boden angesehen wird. Wie wichtig die Information für Unternehmen geworden ist, kann man daran ablesen, dass Vorstände vieler Unternehmen um die Position des Chief Information Officers (CIO), mit dem Arbeitsschwerpunkt Informationsmanagement erweitert werden.

Unter dem Oberbegriff „People-to-Document" wird explizit vorhandenes Wissen in Form von Datenbanken und Dokumenten-Management-Systemen gesammelt, aufbereitet und ausgewertet. Die so entstandenen Datenbanken waren aber oft schwerfällig und mit nutzlosem Wissen vollgestopft. Was drin stand, wusste man auch selbst und die aktuellen Fragen konnte man damit nicht beantworten. Die neuen Entwicklungen im Internet und Intranet bieten heutzutage Lösungen, die Wissensdatenbanken zu einem lebenden Instrument machen.

War das Internet früher ein Ort, an dem zentralisiert Wissen von anonymen Dritten zur Verfügung gestellt wurde, ist durch Web 2.0 eine veränderte Wahrnehmung und Benutzung des Webs zu verzeichnen. Web 2.0 beschreibt keine Software, wie der Name vermuten lassen könnte. Web 2.0 ist ein unscharfer Oberbegriff für eine Reihe von interaktiven Möglichkeiten und Techniken des Internet. Mit Web 2.0-Anwendungen kann jeder leicht und ohne technische Vorkenntnisse Texte im Internet oder Intranet veröffentlichen, ergänzen, verändern und fortschreiben. So ist es wesentlich leichter, in einen Dialog einzusteigen und das Wissen zu einem lebendigen Teil des Unternehmens zu machen. Hierzu gibt es unterschiedliche technische Möglichkeiten:

Weblogs oder Blogs

Weblogs oder abgekürzt Blogs werden vor allem im Intranet verwendet, um das Wissen und die Erfahrung der Mitarbeiter zu sammeln, auszutauschen und dem Unternehmen unabhängig von der Person zur Verfügung zu stellen. Mitarbeiter führen ein persönliches Journal über ein bestimmtes Thema. Alle können darauf zugreifen, es erweitern, kommentieren, Fragen stellen oder auf Fragen anderer antworten. Über Blogs ist es über die Wissensvermittlung hinaus technisch möglich, dass ein Mitarbeiter in den USA mit seinem Kollegen in Japan oder China Erfahrungen austauscht oder jungen Kollegen an einem anderen Standort mit seiner Erfahrung zur Seite steht. Um den Mitarbeitern dieses lebendige Wissen zur Verfügung zu stellen, werden im Intranet eines Unternehmens zu wichtigen Themen und Stichworten sogenannte Corporate Blogs eingerichtet, die verschiedene Aufgaben übernehmen. In Knowledge-Blogs geht es vielleicht um technisches Wissen oder Wissen über Kundenbedürfnisse, in Project-Blogs über die Erfahrung mit Umsetzungsproblemen in Projekten. Es gibt sogar Krisen-Blogs, in denen sich Mitarbeiter darüber austauschen, wie sie Krisen gemeistert haben.

Wikis

In Ergänzung zu Blogs werden in unternehmenseigenen Wikis Texte, Bilder, Grafiken zu einem bestimmten Thema zusammengestellt. Auch hier können Mitarbeiter nicht nur lesen, sondern auch ergänzen und ändern. Die Bedienung ist so einfach, dass dies schnell und leicht geschehen kann. Durch Querverweise und Links werden die Wikis miteinander verbunden. Der Name Wiki stammt aus Hawaii. Dort bedeutet wiki schnell.

Wikis eignen sich firmenintern hervorragend zur Sammlung und ständigen Aktualisierung des vorhandenen Wissens. Die Texte können zum Beispiel um aktuelle Fragestellungen ergänzt werden. Neue Erkenntnisse werden dazugeschrieben. Überholte Statements werden gelöscht.

Voraussetzung für die Nutzung dieser Wikis ist,

- dass es eine nachvollziehbare Struktur gibt, in der man sich schnell und intuitiv zurecht findet.
- dass die Mitarbeiter vom Nutzen und den Vorteilen überzeugt sind.
- dass die Mitarbeiter das Instrument engagiert und verantwortlich nutzen.
- dass es eine Kontrolle der dort hinterlegten Informationen gibt.

Der Einsatz von Systemen zum Wissensmanagement führt zu größerer Transparenz im Unternehmen und hilft dabei, Fehler zu vermeiden. So können Mitarbeiter weltweit auf das Wissen ihrer Kollegen zurückgreifen, ohne den Kollegen überhaupt persönlich zu kennen. Zunehmend werden heute schon die Erfahrungen externer Experten oder sogar der Kunden mit in den Austausch einbezogen, um so noch effizienter zu arbeiten.

Customer Relationship Management (CRM) – Kundenbeziehungsmanagement

Auch im Customer Relationship Management (CRM) geht es um Wissen – um das Wissen über Kunden. Ziel des CRM ist es, durch die Sammlung und Interpretation von unterschiedlichen Kundendaten den Kunden mit seinen Bedürfnissen besser zu verstehen und ihm das anzubieten, was für ihn einen wahren Nutzen darstellt. Zum Beispiel kann die Uhrzeit des Einkaufes, die auf dem Kassenbon gespeichert ist, ausgewertet werden im Hinblick darauf, zu welcher Uhrzeit wie viele Kassen besetzt sein sollten, um lange Warteschlagen zu vermeiden.

Lange schon ist bekannt, dass es fünf Mal so teuer ist, einen neuen Kunden zu akquirieren als einen bestehenden zu binden. Damit der Kunde bleibt, ist es für das Unternehmen wichtig, so zu agieren, dass er sich gut betreut fühlt. Dabei ist es ihm egal, wer im Unternehmen wofür zuständig ist. Wenn ein Kunde zum Beispiel eine Lieferung reklamiert hat und der Außendienstmitarbeiter im Anschluss daran den Kunden besucht, wird der Kunde ihn darauf ansprechen. Wenn der Außendienstler die Information über die Reklamation aber gar nicht kennt, weil Reklamationen von der Buchhaltung bearbeitet werden, kann er den Kunden nicht optimal betreuen.

Um alle Informationen über Kunden zu bündeln, werden Daten und Transaktionen in Datenbanken gespeichert. Dabei helfen standardisierte oder individuell zugeschnittene CRM-Softwarelösungen, die idealerweise auch die Daten aus anderen Programmen, wie der Finanzbuchhaltung oder dem Einkauf über Schnittstellen direkt mit verarbeiten. Diese Daten werden so aufbereitet, dass sie jedem Mitarbeiter im Unternehmen zur Verfügung stehen.

Mit Hilfe der Daten können viele Marketingziele besser verfolgt werden:

- Für die Neukundengewinnung können in der Datenbank gespeicherte Interessenten über Direktmarketing mit genau den Informationen angesprochen werden, die für sie auch wirklich von Interesse sind.

- Für die Kundenbindung können spezielle Angebote oder Informationen für bestimmte Kundengruppen zusammengestellt werden; z. B. werden nur die Kunden über neue Spezifikationen eines Produktes informiert, die das Produkt bereits gekauft haben.

- Für die Kundenrückgewinnung wird z. B. von einem Call-Center nach den Gründen für den Wechsel gefragt, um dann alle Kunden mit gleichen Gründen über maßgeschneiderte Angebote zurück zu gewinnen.

Der Vorteil dieser gezielten Ansprache liegt darin, dass die Kunden solche auf ihre Bedürfnisse zugeschnittenen Informationen nicht als lästige Werbung abtun, sondern als nützliche Information schätzen.

Diese Art der Kundenbetreuung führt zu einer Individualisierung des Leistungsangebotes und zu einer differenzierten Kundenbetreuung auf der Basis der Interpretation von Daten und Fakten.

CRM wird von vielen Kunden aber längst nicht so positiv bewertet, wie es aus Unternehmenssicht scheint. Viele Kunden sehen ihre Datenschutzinteressen gefährdet oder befürchten unfaire Verkaufstechniken.

Die Zukunft von CRM wird deshalb weniger darin liegen, noch mehr Daten und Fakten zu sammeln, sondern eher in die Richtung gehen, mit dem Kunden in einen persönlichen Dialog zu treten, um mit ihm gemeinsam die Zukunft zu gestalten. Der Dialog mit Kunden hat im Internet eine weite Plattform gefunden. Über soziale Netzwerke wie Facebook oder Twitter treten die Kunden freiwillig und offen in Kontakt mit Unternehmen. Sie äußern Wünsche und Bedürfnisse und geben positives oder negatives Feedback. Diese Rückmeldung ist für Firmen wertvoll, denn sie erhalten so schnell und fast kostenlos wertvolle Informationen von ihren Kunden. Darüber hinaus können die Unternehmen ihre Kunden auch selbst aktiv ansprechen, Marktforschung betreiben, Produkteinführungen beschleunigen und ihren Bekanntheitsgrad steigern. Über die sozialen Netzwerke ist es nicht nur möglich, Daten und Fakten zu sammeln, sondern auch Gefühle und Stimmungen zu identifizieren. Da Kunden zum großen Teil auf Basis ihres Gefühls eine Kaufentscheidung treffen, kann man mithilfe sozialer Netzwerke Kundenbedürfnisse noch genauer identifizieren und zukünftige Trends schneller erkennen. Denn es bleibt die große Herausforderung der Unternehmen, Produkte und Dienstleistungen zu entwickeln, die für den Kunden in Zukunft wichtig sein werden.

Konkurrenzfähig durch lebenslanges Lernen

Sonja Althoff

> *„Lernen ist wie Rudern gegen den Strom.*
> *Sobald man aufhört treibt man zurück."*

(Benjamin Britten, englischer Komponist, Dirigent und Pianist, 1913 – 1976)

„Lebenslanges Lernen" heißt das Schlüsselwort, um steigenden Anforderungen im Job gerecht zu werden und auf dem Arbeitsmarkt erfolgreich mitzuhalten. Wer konkurrenzfähig sein will, muss seine Kenntnisse auf dem neuesten Stand halten und auch vorhandenes Wissen regelmäßig auffrischen und vertiefen. Wer hier seine Chancen sucht und nutzt, investiert in seine berufliche Zukunft.

Der internationale Vergleich zeigt: In Deutschland bilden sich nach wie vor zu wenige Menschen weiter. Nach einer Studie der Organisation für wirtschaftliche Zusammenarbeit und Entwicklung (OECD) nehmen mehr als doppelt so viele Arbeitnehmer aus Dänemark, Schweden, Großbritannien und den USA an Weiterbildungen teil wie in der Bundesrepublik. Langsam erkennt man auch hierzulande den fast verschlafenen Trend: Die Weiterbildungsaktivitäten in Deutschland steigen in den vergangenen Jahren zwar nur leicht, aber stetig an.

Warum Weiterbildung?

Eine Studie des Instituts für Arbeitsmarkt- und Berufsforschung in Nürnberg zeigt, dass vor allem ohnehin qualifizierte Mitarbeiter von beruflichen Bildungsmaßnahmen profitieren. Insbesondere hinsichtlich der Einkommensentwicklung hat Weiterbildung einen positiven Effekt, gleichzeitig senkt sie meist das Risiko individueller Arbeitslosigkeit. Je mehr berufsbezogene Weiterbildungen ein Arbeitnehmer vorweisen kann, desto größer sind seine Chancen, im Job aufzusteigen oder in Bewerbungsphasen eine neue Stelle zu finden.

Welche Weiterbildung ist die Richtige?

Natürlich wäre „Ein Jahr USA" die ideale Form, um seine Kenntnisse im Business-Englisch zu perfektionieren, oder Sie steigen für zwei Jahre aus und machen „mal eben" Ihren Bachelor in BWL an der Uni – aber in der Realität kann sich fast niemand eine solche Auszeit leisten. Darum wird in aller Regel eine Weiterbildung neben dem Job die richtige Wahl sein. Ob berufsbegleitendes Studium, Seminar, VHS-Kurs oder Fernlehrgang: Hier sollte für jeden die passende Form der Weiterbildung zu finden sein.

1. Berufsbegleitendes Studium

Ein berufsbegleitendes Studium ist sicherlich die zeitintensivste Variante. Bei einer Dauer von drei bis fünf Jahren, je nach Studienrichtung, binden Sie sich lange Zeit und müssen einen hohen Lernaufwand absolvieren. Ihr Wunsch nach Weiterqualifizierung muss dementsprechend hoch sein, um Ihre Motivation solange aufrecht zu erhalten. Auch Partner, Familie und Freunde müssen Ihre Unterstützung zusagen, denn die Verfügbarkeit für Ihr privates Umfeld ist in dieser Zeit stark eingeschränkt.

Um zum Studium an einer Fachhochschule oder Universität zugelassen zu werden, müssen Sie die allgemeine oder fachgebundene Hochschulreife oder die Fachhochschulreife nachweisen. In einigen Bundesländern, wie z.B. in Baden-Württemberg, können Sie ohne Abitur studieren, wenn Sie eine Berufsausbildung und eine Meisterprüfung abgeschlossen haben. Eine andere Möglichkeit sind Begabtenprüfungen, die die Hochschulen selbst abnehmen.

Nach einer repräsentativen Forsa-Befragung halten 80 Prozent der Personalverantwortlichen in Unternehmen Fern- und Teilzeitstudiengänge für vollwertig, verglichen mit Vollzeitangeboten. Durch die Verzahnung von Beruf und Studium verbessern Sie Ihre Karrierechancen, insbesondere können Sie so auch den Quereinstieg in andere, fachfremde Bereiche schaffen. Wer also wirklich etwas bewegen und sich verändern möchte, sollte diese Form der Weiterbildung in Betracht ziehen.

2. Seminare und Seminarreihen

Wenn Sie gezielt ein Thema vertiefen oder neu erlernen möchten, ist ein Seminar die richtige Wahl. Die Dauer reicht von einem bis fünf Tagen, an denen Sie durchgehend einen Kurs besuchen. Die Angebotspalette ist dabei vielfältig – es gibt kein Thema, das es nicht gibt. So können Sie ganz gezielt eventuelle Wissenslücken schließen oder sich in bestimmten Bereichen wieder auf den „aktuellen Stand" bringen. Insbesondere wenn Sie sich für neue Aufgaben „empfehlen" möchten oder bereits feststeht, dass zu Ihrem Arbeitsgebiet Neues hinzukommt, ist ein intensives Seminar sicherlich empfehlenswert.

Teilweise bilden einzelne Seminarbausteine auch eine Seminarreihe, die mit einem qualifizierten Abschluss endet. So können Sie über einen bestimmten Zeitraum, beispielsweise zwei Jahre, mehrere Seminare zu unterschiedlichen Themen besuchen und absolvieren so eine ganze Weiterbildung, bei der Sie am Ende einen „Titel" erhalten. Je nach Anbieter und Zertifizierung ist am Ende auch eine Prüfung angesetzt. Die IHK-zertifizierte Weiterbildung zur

Management-Assistentin sieht beispielsweise am Ende einen schriftlichen und einen mündlichen Test sowie eine Projektarbeit vor.

Ob Sie nun nach einer ganzen Seminarreihe einen Titel erwerben oder „nur" die Bestätigung der erfolgreichen Teilnahme an einem einzelnen Seminar erhalten: Wichtig ist immer, dass Sie Ihre Fortbildung anhand eines anerkannten Zertifikats nachweisen können. Ein solches kann Eingang in Ihre Personalakte finden, Sie können es Bewerbungen beilegen ... in jedem Fall belegen Sie damit immer Engagement, Motivation und Ihre zusätzlichen Kenntnisse.

3. Fernlehrgänge und E-Learnings

Die flexibelste Form der Weiterbildung ist der Fernlehrgang. Hier erarbeiten Sie den Lernstoff selbstbestimmt, unabhängig von Raum und Zeit und sparen dadurch Anfahrtswege, eventuelle Übernachtungskosten usw. Je weniger Ihr Chef auf Sie verzichten kann, desto eher ist diese Variante, die keine Arbeitszeit kostet, die richtige für Sie.

Der Lernstoff wird bei diesem Lehrgang in Form von speziellen Medien übermittelt – ob das klassische Lehrheft per Post, die CD-ROM, DVD oder Audio-CD (vor allem bei Sprachtrainings), die per E-Mail zugesandte Datei, der interaktive Kurs im Internet ... All' diese Varianten sind denkbar – und somit wird auch schon der größte Vorteil dieser Lernform klar: Jede(r) kann mit dem Medium lernen, das ihm am sympathischsten ist.

Häufig, aber längst nicht immer, finden regelmäßige Lernkontrollen statt und viele Kurse sehen am Ende eine Prüfung vor. Auch hier gilt: Ob mit oder ohne abschließenden Test, wichtig ist immer, dass Sie am Ende ein Zertifikat in Händen halten, mit dem Sie Ihre neu erworbenen Kenntnisse belegen können.

Da Sie bei dieser Form der Weiterbildung in Ihrer Freizeit lernen, ist sie bei Chefs naturgemäß äußerst beliebt. Das heißt aber nicht, dass sich Ihr Unternehmen auch aus den Kosten heraushalten muss, ganz im Gegenteil: Lassen Sie sich Ihr Engagement belohnen und versuchen Sie mit Ihrem Vorgesetzten oder Ihrer Personalabteilung zu verhandeln, inwieweit Kursgebühren übernommen werden.

4. Kongresse und Symposien

Anders als ein klassisches Seminar, das sich einem bestimmten Thema widmet, decken Kongresse und Symposien eine Vielzahl von Themen, Trends und aktuellen Entwicklungen ab. Meist in einer Mischung aus Vorträgen und Workshops erwartet Sie hier ein vielfältiges Programm. Gerade wenn Sie neue Impulse suchen oder sich ganz allgemein in Ihrem Arbeitsbereich auf den neusten Stand bringen wollen, bietet sich diese Veranstaltungsform an.

Je genauer sie auf Sie als Zielgruppe zugeschnitten ist (z.B. Kongress für Sekretärinnen und Assistentinnen, Konferenz für Arzthelferinnen, Marketing-Symposium usw.), desto gewinnbringender für Sie. Dabei stehen der Austausch mit anderen aus dem gleichen Metier und das aktive Netzwerken ganz weit vorne. So schaffen Sie den berühmten Blick über den Tellerrand und nehmen eine Vielzahl neuer Ideen und Impulse mit zurück an Ihren Arbeitsplatz.

Bei Ihrem Vorgesetzten müssen Sie bei dieser Weiterbildungsform möglicherweise etwas mehr Überzeugungsarbeit leisten, da Kongressprogramme in Hochglanzbroschüren nicht immer den Eindruck „harter Arbeit" und gezielter Fortbildung machen. Gerade die kompakte Art der Wissensvermittlung und die vielen unterschiedlichen Themen, gepaart mit der Möglichkeit des aktiven Austauschs mit Kolleginnen aus anderen Unternehmen, sind aber meist gute Argumente, mit denen Sie ihn überzeugen können.

In sechs Schritten zum Erfolg: Wie finde ich das beste Angebot für mich?

1. Schritt: Definieren Sie Ihr Ziel

Legen Sie zunächst konkret fest, welches Ziel Sie erreichen wollen. „Veranstaltungen gut organisieren" ist zu vage. Besser wäre „Ich möchte unseren nächsten Messeauftritt von Beginn an planen, durchführen und das Budget eigenverantwortlich verwalten". Ideal ist es natürlich, wenn Sie einen bestimmten Abschluss anstreben, also beispielsweise „Management-Assistentin IHK" oder „Chefassistentin bsb". Mit einem Zertifikat können Sie auch Ihrem Chef schwarz auf weiß den Erfolg der Weiterbildung dokumentieren.

2. Schritt: Informieren Sie sich über die Angebote

Am schnellsten verschaffen Sie sich im Internet einen Überblick darüber, welche Weiterbildungsmöglichkeiten es gibt. Tipps und Anregungen geben natürlich auch Fachzeitschriften. Den besten Rat erhalten Sie aber von Kollegen, die bereits ein Weiterbildungsangebot genutzt haben, das auch für Sie infrage kommen würde. Hier erfahren Sie aus erster Hand, ob die Organisation reibungslos funktionierte, wie gut die Referenten waren und was das Ganze dem Teilnehmer gebracht hat. Denken Sie auch an entsprechende Ansprechpartner in Ihrem Unternehmen. Große Firmen haben in der Regel einen Mitarbeiter in der Personalabteilung, der bei Weiterbildungsfragen hilft. Im Intranet sind meist die vom Unternehmen geförderten Weiterbildungsangebote aufgelistet.

3. Schritt: Erstellen Sie einen Zeitplan

Bevor Sie sich nach einer ersten Übersicht bereits für eine bestimmte Form entscheiden, sollten Sie genau überlegen, wie viel Zeit Sie in Ihre Fortbildung investieren können. Häufig wird der Zeitaufwand unterschätzt, den man zur Vor- und Nachbereitung benötigt. Als Faustregel gilt: Zu einer Unterrichtsstunde müssen Sie zwei Stunden Lern- und Vertiefungszeit hinzurechnen. Setzen Sie im Vorfeld klare Prioritäten und kalkulieren Sie Ihr Zeitbudget realistisch.

Die Weiterbildungsanbieter sind sich bewusst, dass Berufstätige Wert auf Effizienz legen, daher geht der Trend immer stärker zur kurzen, kompakten Wissensvermittlung. Sie müssen also nicht befürchten, dass ein begrenztes Zeitkonto Ihre Auswahl zu sehr einschränkt. Zwei- bis dreitägige Seminare sind bei Präsenzveranstaltungen mittlerweile

Standard. Dabei sind die Inhalte didaktisch so aufbereitet, dass der Stoff in diesem Zeitrahmen gut erlernt werden kann.

4. Schritt: Finden Sie die passende Form

E-Learning, VHS-Kurs, Fernlehrgang, Sprachtraining im Ausland, Seminare und Kongresse – die Auswahl ist groß. Wenn Sie sich nur auf einem bestimmten Gebiet weiterbilden wollen, ist ein Seminar empfehlenswert. Seminare sind monothematisch, das heißt, sie beschäftigen sich nur mit einem Thema, beispielsweise BWL, Rhetorik oder Business English. Kongresse bieten dagegen verschiedene Themen in Workshops und bei Vorträgen an. Hier erfahren Sie auch die aktuellen Trends in Ihrem Arbeitsumfeld und können Ihr Netzwerk in Gesprächen mit anderen Teilnehmern erweitern.

5. Schritt: Prüfen Sie die Auswahlkriterien Ort, Termin und Zielgruppe

Weite Anfahrtswege kosten wertvolle Zeit. Sie lohnen sich nur, wenn Sie die Weiterbildung beispielsweise mit einem Kurzurlaub in der jeweiligen Stadt oder Region verbinden wollen. Auch bei der Terminwahl sollten Sie Ihren eigenen Kalender und den Ihres Vorgesetzten stets im Blick haben. Ebenso wichtig ist, für welche Zielgruppe das Angebot konzipiert wurde. Scheuen Sie sich nicht, sich beim Veranstalter telefonisch zu erkundigen, welche Vorkenntnisse erwartet werden und wer außer Ihnen noch teilnimmt. Es nutzt Ihnen nichts, wenn Sie in einem Seminar für Marketing-Wissen mit Berufsanfängerinnen sitzen, während Sie schon umfassende Erfahrungen in einer Marketing-Abteilung gesammelt haben und eigentlich weiterführende Kenntnisse erwerben wollen. Generell sollten Sie sich vor jeder Anmeldung vom Veranstalter beraten und sich jede Ihrer Fragen ausführlich beantworten lassen. So ist auch wichtig, wie groß die Seminargruppe sein wird – ein Teilnehmerfeld mit bis zu 12 Lernenden ist dabei ideal. Ein guter Anbieter wird sich gern die Zeit nehmen, Ihnen alles zu erläutern.

6. Schritt: Klären Sie die Finanzierung

Ideal ist es natürlich, wenn der Arbeitgeber die Kosten übernimmt. Auch hier ist eine langfristige Planung ratsam: Vereinbaren Sie zum Beispiel mit Ihrem Vorgesetzten im Entwicklungsgespräch, dass er Ihnen die Teilnahme an einer Weiterbildungsmaßnahme ermöglicht, sobald Sie ein bestimmtes Ziel erreicht haben. Manchmal kann es sinnvoll sein, die Weiterbildung selbst zu bezahlen, zum Beispiel wenn persönliche Defizite, auf die Sie Ihren Arbeitgeber nicht unbedingt hinweisen wollen, abgebaut werden sollen.

Beachten Sie auch die zahlreichen Fördermöglichkeiten, mit denen Sie Ihre Weiterbildung bezuschussen lassen können. Nicht nur die Agentur für Arbeit, sondern auch andere öffentliche Finanzierungsangebote stehen Ihnen unter bestimmten Voraussetzungen zur Verfügung.

Werbungskosten: Steuern sparen

Last but not least „fördert" auch der Fiskus Ihre Fortbildung: Wer für eine Weiterbildung Geld bezahlt hat und Steuern abführt, kann sich einen Teil davon zurückholen. Ausgaben für Kursgebühren, Lernmaterial und Reisen zählen zu den Werbungskosten.

Ob mit oder ohne Fördermittelzuschuss: Sie investieren in Ihre Weiterbildung viel Zeit und Geld. Um Angebote zu vergleichen und die für Sie beste Auswahl zu treffen, haben wir diese abschließende Checkliste für Sie zusammengestellt.

Inhalte	Enthält die Weiterbildung genau die Themen, die Sie erlernen/vertiefen möchten? Sind Sie mit Ihren Vorkenntnissen dort richtig aufgehoben, stimmt das Lernniveau? Machen Sie sich eine Liste der für Sie relevanten Lernziele und Nutzenpunkte und vergleichen Sie diese mit dem Ihnen vorliegenden Programm.	❑
Anbieter	Wer veranstaltet die Weiterbildung, ist es ein namhafter, praxiserfahrener Anbieter? Wird ein von ihm ausgestelltes Teilnahmezertifikat allgemein anerkannt werden?	❑
Zielgruppe	Ist das Programm auf Ihr Aufgabengebiet und Ihren Job zugeschnitten? Haben die anderen Teilnehmer ähnliche Vorkenntnisse und können Sie so auch von der Interaktion innerhalb der Gruppe profitieren?	❑
Gruppengröße	Wie groß ist das Teilnehmerfeld? Wird der Referent individuell auf Ihre Fragen eingehen können? Bei mehr als 12 Teilnehmern wird das in der Regel schwierig.	❑
Referent	Welche spezifischen Praxiserfahrungen besitzt der Trainer, welche Themen vermittelt er? Hier können Sie auch im Kollegenkreis oder in Internetforen nachforschen, inwieweit ein Trainer weiterempfohlen wird. Ein guter Seminaranbieter wird Ihnen auch Feedbacks ehemaliger Teilnehmer zugänglich machen.	❑
Methodik und Didaktik	Wie ist die Veranstaltung/das Lernkonzept aufgebaut? Achten Sie bei Präsenzveranstaltungen darauf, dass genügend Zeit für interaktive Elemente (Diskussion, Gruppenarbeit, Erfahrungsaustausch) zur Verfügung steht. Je mehr Wissen von Seiten der Teilnehmer einfließen kann und je interaktiver gearbeitet wird, umso besser können Sie das Gelernte anschließend umsetzen und anwenden.	❑

Kostencheck

Achten Sie beim Kostenvergleich auch auf die im Preis eingeschlossenen Leistungen. Sind alle benötigten Lernmaterialien inklusive, welche Mahlzeiten sind im Preis inkludiert? Kann der Veranstalter Ihnen einen Spezialpreis für Übernachtungen im Seminarhotel anbieten? Ganz wichtig: Ist der Anbieter bei Fördermittelprogrammen anerkannt, können Sie einen Zuschuss beantragen? Natürlich gilt das auch unternehmensintern: Hat der Veranstalter einen „Namen", den auch Ihre Personalabteilung kennt und wird sie die Weiterbildung daraufhin genehmigen?

Die Herausgeberin

Margit Gätjens,
Diplom-Kauffrau und zertifizierter Business-Coach, arbeitete als Projektleiterin bei einer schweizer Unternehmensberatung und leitete die Deutsche Angestellten Akademie Rheinland-Pfalz/ Saarland. Heute ist sie geschäftsführende Gesellschafterin der Unternehmensberatung Planolog GmbH.

Sie verfügt über mehr als 30 Jahre Erfahrung als Beraterin, Managementtrainerin, Moderatorin und Coach. Ihre Trainingsschwerpunkte liegen in den Bereichen Projektmanagement, Produktivitätssteigerung, Persönlichkeitsentwicklung, Regenerationskompetenz und Kommunikation.

Margit Gätjens ist Autorin zahlreicher Fachbücher, unter anderem „Praxishandbuch Projektmanagement" und „Ablage", beide erschienen im Springer Gabler Verlag.

Planolog Organisationsberatungs GmbH, Im Vogelsang 12-14, 56651 Niederzissen,
Telefon: 0171 5836176, Telefax: 02636 970238,
E-Mail: planolog@planolog.de, Internet: www.planolog.de.

Die Autorinnen und Autoren

Sonja Althoff

Sonja Althoff arbeitete bereits während ihres Studiums als Journa-
listin und Redakteurin. Nach ihrer Zulassung zur Rechtsanwältin
übernahm sie bei der Gesellschaft für Wirtschaftsinformation in
München Redaktion und Produktmanagement für den Verlags-
bereich „Sekretariat". Hier stand sie in ständigem Kontakt zur Zielgruppe und entwickelte daraus als Co-Autorin „Büromanagement
und Chefassistenz – Handbuch und Arbeitshilfen" sowie „Die 33
besten Checklisten für Assistenz und Sekretariat". Seit August 2007
ist sie Projektleiterin bei SEKRETARIAT SEMINARE und konzipiert Kongresse, Seminare, Weiterbildungen und Fernlehrgänge für
Assistentinnen und Sekretärinnen.

Sonja Althoff, OFFICE SEMINARE, Abraham-Lincoln-Straße 46,
65189 Wiesbaden, Telefon: 0611 7878-206, Telefax: 0611 7878-401
E-Mail: sonja.althoff@workingoffice.de, Internet: www.sekretariat-seminare.de.

Matthias Herzberg,
Diplom-Pädagoge, ist Gründer und Inhaber von „Best Patterns –
die Potenzialentwickler" und arbeitet deutschlandweit. Schwerpunkt seiner Arbeit sind die Durchführung von Trainings und
Seminaren, unter anderem zu den Themen Personalführung und
Motivation, Kommunikation und Konfliktmanagement. Ein weiterer Schwerpunkt seiner Arbeit stellt die Begleitung von Teams,
Arbeits- und Projektgruppen dar: in Workshops zur Teamentwicklung erhalten geschlossene Teams einen Lern- und Erfahrungsraum,

in dem Kommunikationsstrukturen verbessert und strategische Ausrichtungen und Prozesse der
Teambildung vorangetrieben werden können. Matthias Siebert hat mit seinem erlebnispädago-
gischen Baustein „RowingTeam® – Teamentwicklung auf dem Wasser" im Jahr 2007 im Bereich der Teamtrainings in Deutschland neue Maßstäbe gesetzt; RowingTeam® nutzt Rudern
als Methode zur Entwicklung des Teamerfolgs und wird unter anderem mit dem Weltmeister
aus dem deutschen Ruderachter, Thorsten Engelmann, durchgeführt.

E-Mail: matthias.herzberg@best-patterns.com.

Dr. Stephanie Kaufmann-Jirsa

gründete 2005 eine Rechtsanwaltskanzlei in Feldafing am Starnberger See – www.rechtsanwalt-feldafing.de. Davor war sie sechs Jahre als Chefredakteurin bei der Gesellschaft für Wirtschaftsinformation (GWI), einem Fachverlag für Recht und Wirtschaft, in München tätig. Sie leitete dort u. a. den Fachbereich „Sekretariat und Assistenz". Davor war sie Referentin für Arbeitsrecht in einem Arbeitgeberverband und im Institut der deutschen Wirtschaft Köln.

Sie ist Autorin zahlreicher Fachbücher und -veröffentlichungen sowie Dozentin mit den Schwerpunkten Arbeits-, Betriebsverfassungs- und Mietrecht.

Rechtsanwaltskanzlei Dr. Stephanie Kaufmann-Jirsa, Aumillerstraße 3, 82340 Feldafing, Telefon: 08157 924364, Telefax: 08157 924367, E-Mail: RAStephanieKaufmann@t-online.de, Internet: www.rechtsanwalt-feldafing.de.

Petra Lumblatt

ist Beraterin und Trainerin mit Ausbildung MBA Executive Master of Business Administration und zertifizierte DISG-Trainerin. Ihr Fundament sind eine Ausbildung zur Gymnasiallehrerin und über 15 Jahre Berufserfahrung im Office-Management. Ihre Kunden nutzen ihr analytisches Denken und ihre Fähigkeit zur Strukturierung von Vorgängen, um Arbeitsabläufe und Geschäftsprozesse zu optimieren und strategisch auszurichten. Einer ihrer Beratungsschwerpunkte liegt in der Vereinheitlichung der Ablage, ob Papier oder PC, sowie der Integration unternehmensrelevanter E-Mails zu einem transparenten Informationssystem. Als Referentin bietet Petra Lumblatt Seminare und Trainings in den Bereichen Zeitmanagement, Projektmanagement, Dokumentenmanagement, Büroorganisation und Sekretariatspraxis. Ihr selbst konzipierter Lehrgang zur Management-Assistentin schließt mit einem Zertifikat ab und wird seit Jahren in verschiedenen Weiterbildungseinrichtungen durchgeführt.

Neben den Lehrgängen und Seminaren entwickelt sie E-Learnings oder Blended-Learning-Konzepte für ihre Kunden und begleitet die Umsetzung mit ihren Fachkenntnissen.

Petra Lumblatt, Beratung und Training, Schwalbensteg 3, 46514 Schermbeck, Telefon: 02853 861727, Telefax: 02853 861814, E-Mail: info@petra-lumblatt.de, Internet: www.petra-lumblatt.de.

Birgit Preuß-Scheuerle M. A.

studierte Rhetorik und Politikwissenschaft an der Universität Tübingen. Sie ist Inhaberin von bps-training und arbeitet seit 1989 als Trainerin und Coach in großen renommierten Unternehmen verschiedener Branchen. Als Coach begleitet sie Teams und Einzelpersonen in Veränderungsprozessen. Ihre Trainingsschwerpunkte liegen im Bereich Rhetorik, Gesprächsführung und Konfliktmanagement. Seit diesem Jahr ist die Mediation im Arbeits- und Wirtschaftsleben als ein weiteres Aufgabengebiet hinzugekommen. Birgit Preuß-Scheuerle ist Autorin zahlreicher Beiträge im Fachmagazin working@office und Autorin verschiedener Bücher. (Praxishandbuch Kommunikation, Gabler Verlag, ISBN 978-3-409-12676-2. Zuletzt erschien ihr Buch „Teamcoaching" 2008 im ManagerSeminare Verlag, ISBN 978-3-936075-67-0)

bps-training, Beratung-Personalentwicklung-Seminare, Birgit Preuß-Scheuerle, Schwalbenstraße 9, 65428 Rüsselsheim, Telefon: 06142 59709, Telefax: 06142 951307, E-Mail: info@bps-training.de, Internet: www.bps-training.de.

Susanne Westphal,

Buchautorin, Speakerin, Beraterin und Trainerin. Beispiele einiger Vortragsthemen: Megatrend Frauen, Die Zukunft der Unternehmenskommunikation, Das bunte Unternehmen – warum Vielfalt erfolgreicher macht. Seminarthemen und Beratungsschwerpunkte: Unternehmenskommunikation: Strategie – Praxisumsetzung – Evaluierung; Corporate Wording; Texten in der Unternehmenskommunikation; Krisenkommunikation. Susanne Westphal studierte Betriebswirtschaft in Angers, Frankreich, und an der Universität Eichstätt/Ingolstadt. Von 1993 bis 2001 leitete sie als Gründerin die Preisagentur Preiswärter Online GmbH (preis.de). Veröffentlichungen (Auszug): „Female Forces – Megatrend Frauen" (Zukunftsinstitut), „Unternehmenskommunikation in Krisenzeiten" (Wiley-VCH 2003) und „Einfach becircend. Die Typologie weiblichen Erfolgs" (Piper 2004).

SueWest Communications, Susanne Westphal, Oberstraße 107, 20149 Hamburg, Telefon: 040 45000996, E-Mail: direkt@suewest.de, Internet: www.suewest.de.

Lilli Wilken

ist gelernte Einzelhandelskauffrau und hat eine Ausbildung in kör-
perorientierter Psychotherapie absolviert. Der Schwerpunkt lag auf
Persönlichkeitsentwicklung, systemischer Familien- und Organisati-
onsaufstellung, Enneagrammberatung, Farb-, Typ- und Imageplanung.

Sie bietet Seminare, Training und Coachings mit den Schwerpunkten Persönlichkeitsentwicklung, Auftreten und Erscheinungsbild, Bedeutung von Farben, Körpersprache, Umgangsformen im
Berufsleben, Internationale Umgangsformen, Emotionale Intelligenz, Motivation und Stressmanagement.

Imageplanung Lilli Wilken, Betramstraße 10, 65185 Wiesbaden
Telefon: 0611 16899399, E-Mail: lilli@imageplanung.de, Internet: www.imageplanung.de.

Stichwortverzeichnis

ABC-Analyse 63

Abmahnung 117

Abnahmeprotokoll 72

AGG 112

Angebot 98

Annahme..............................98

Arbeitszeugnis 120

Balanced Scorecard 134

Bedürfnispyramide 87

Briefgeheimnis...................... 106

Briefinggespräch...................... 19

Change Management............ 135

Customer Relationship
    Management (CRM) 140

DMAIC-Zyklus 132

Entscheidungskriterien 13

Etikette................................43

Evaluierung............................ 74

Formvorschriften.................. 106

Fragetechniken........................31

Führungsdreieck 77

Führungskompetenzen............ 79

Garantie............................... 103

Gastgeschenke 47

Gateway 69

Geschäftsfähigkeit 98, 99

Gesprächsatmosphäre 31

Gewährleistungsrecht 100

Guanxi 48

Handlungsvollmacht 104

Hierarchiedenken.................... 45

Informationsmanagement 58

JoHari-Fenster 80

Kaizen 133

Kaufvertrag........................... 100

Kostenplanung 71

Kundenbindung 140

Kündigung 115, 117

Kündigungsfrist 118

Kündigungsschutz................. 116

KVP 133

Leistungsstörung 100

Mahnverfahren,
    außergerichtliches 110

Mahnverfahren,
    gerichtliches.................... 110

Management Summary 19, 21

Meilensteine............................69

Nachrichten-Quadrates..........36

PDCA-Zyklus 133
Projektablaufplan 67
Projektphasen 57
Projektstrukturplan 67
Projektteam 57
Prokura.................................. 104

Rechtsfähigkeit 98, 99
Reifegradmodell...................... 83
Reklamation 101
Review 69
Risikomanagement.................. 58

Schadenersatz...................... 102
Six Sigma............................. 131
Smalltalk 28, 42
sprachliche Weichspüler.......... 35
Stellenausschreibung..............112

Tischmanieren 42
Total Quality Management.... 130

Umgangsformen..................... 41
Unternehmens-
    kommunikation 136
Unterschriftenregelung.......... 105

Vertragsrecht......................... 97
Visualisierung......................... 19
Vollmacht 103
Vollstreckungsbescheid 110

Web 2.0 138
Weblogs................................ 139
W-Fragen................................ 32
Wiedervorlage 19
Wikis 139
Willenserklärung 98
Wissensmanagement 138

ZIEL Schema 85
Zwangsvollstreckung 112
Zwei-Faktoren-Modell 88
Zwischenbescheid 113

Printed by Books on Demand, Germany